國家社科基金重點項目"明代治黃國家工程的運作與效益研究"（18AZS001）阶段性成果

《治河通考》校注

吴漫 王博 ◎ 校注

人民出版社

吴　漫

　　河南南陽人，畢業於北京師範大學古籍所，獲博士學位。研究方向為古典文獻學、黃河治理古文獻整理與傳統文化研究。鄭州大學黃河文獻與文化研究中心教授、博士生導師、國家社科基金重大項目首席專家。主編《明清黃河文獻叢編》(全一百冊),出版《明代宋史學研究》《學術的體悟與窮究》等論著，在《中國史研究》《史學理論研究》《史學史研究》《古籍整理研究學刊》《光明日報》等報刊發表學術論文、文章四十餘篇。

王　博

　　河南項城人，工學博士。鄭州大學黃河文獻與文化研究中心教授、博士生導師、黃河水利史研究所所長，黃河文獻與文化研究中心學術委員會主任。長期從事水利工程安全與防災、黃河水利史研究。主持國家重點研發專題、國家自然科學基金、國家社科基金重大項目子課題等二十余項科研課題，發表學術論文六十餘篇，出版專著兩部，科研成果獲省部級獎勵多項。享受國務院政府特殊津貼專家。

校注説明

1. 以《四庫全書存目叢書》影印明嘉靖刻本爲底本，以國家圖書館藏明崇禎十一年吳士顏刻本對校，以書中引用篇章的較早版本或通行本參校。

2. 嘉靖刻本無目録，版心處標有"治河通考上""治河通考中""治河通考下"對應相應卷第，此次整理本匯總各卷之篇目置於卷首，以便覽者。

3. 嘉靖刻本卷十末有"治河通考卷之十終"幾字，繼以奏疏三道、吳山《治河通考後序》。此整理本將奏疏三道列於附録，爲存嘉靖刻本原貌，兹作説明。

4. 整理中采用通用規範漢字。古人引用篇章常有擅改字辭現象，凡不影響文意者，整理本概不校改。校勘文字，於正文中以（　）表示原作字，爲底本中訛、倒、衍字，以〔　〕表示乙正和補字，并於注中説明。

《治河通考》序

　　訒庵吴公[一]巡撫河南之踰年，貞度飭務，體宏理密，謂河之灾豫，修塞勞煩，足當一邊之擾。既擇才而任，脱夏邑[二]之泃[三]，道趙皮[四]之（猪）[潴][五]，又命前御史[六]劉隅氏[七]輯河書，開封顧守鐸刻板，畢登良策，可稽而法焉。嗟乎！聖神如禹，雖曰十有三載乃績，然不能絕後害。自漢以來，知議之，能行之，勇力之，腐舌刮齒，焦心銷骨，多者十數年，少者一二年輒決，夷屋寢畝，飄資蕩生。天子親沉璧馬，臨水太息。

【校注】

【一】吴公，即吴山（1470—1542年），字靜之，號訒庵，明蘇州府吴江（今屬江蘇）人，諡忠裹。

【二】夏邑，明洪武初改下邑縣置，屬歸德府，治所在今河南夏邑。

【三】泃，今北京市平谷區西北錯河。《水經·鮑丘水注》：泃水“東南流徑平谷縣故城西，而東南流注於洵河”。

【四】趙皮，古地名，有趙皮塞，今河南蘭考北。《清一統志·開封府二》：趙皮塞“在蘭陽縣（今河南蘭考）北十六里。一名張禄口。明嘉靖中，河嘗決於此”。

【五】潴，原作“猪”，據文意改。

【六】御史，職官名，掌糾察百官。其長官稱左都御史，又有以欽差大臣特派出京的巡按御史，其右都御史、右副都御史則又為各省總督、巡撫的兼銜。

【七】劉隅氏，即劉隅（1490—1566 年），字叔正，號範東，明山東東阿（今山東東阿）人，著有《奏議》《治河通考》《古篆分韻》等。

國家都燕，輓江南之粟，上下咸寄命焉。既賴河以利舟楫，亦恐其遂嚙漕渠。粟至稍後，舉國困憊，一邑一郡之灾不暇恤矣。夫浚故道，分横流而後安舍，是亡策矣。然沙積地高，道然後塞，升沙並岸，水至復然，萬人之功付於烏有。不若隨勢相宜，別就奏下之利而道之，毋與水争，毋犯水怒，毋惜棄田，毋阻多口，所占田廬量給之費而蠲其租，民亦樂從。況並河之田有填淤之饒，可相易乎？夫物敝有因，水决以漸，此塞彼行，非由齊發，蟻穴可以毁防，綫隙可以崩郭，故貴乎先事而備。一歲不溢，遂幸無為，玩日愒月，坐待其不支。況乎遷代之速不盡其才，官設之分不專其任，卷埽築堤，姑具苟完，買逸騰貴，非利公家乎？今夫農之作垣也，其基厚，其上塗，題畚孔良，築削孔力，雖遭秋霖泛潦，亡傷（豪）[毫][一]末。官府作埽，或破百金，不月而摧，何哉？農自為而官為人也。嘉靖癸巳春二月辛巳相臺崔銑[二]序。

【校注】

【一】毫，原作“豪”，据文意改。

【二】崔銑（1478—1541 年），字子鍾，一字仲鳧，初號後渠，改號少石，又號洹野，明相臺（今河南安陽）人，著有《讀易餘言》《彰德府志》《文苑春秋叙録》《崔氏小爾雅》等。

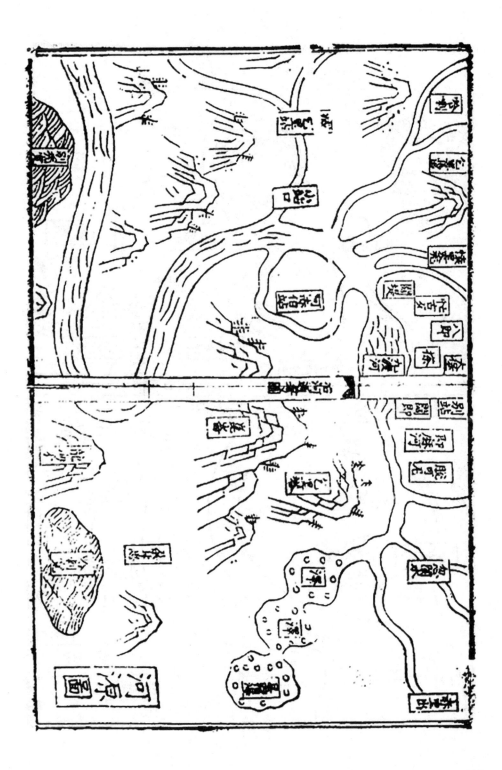

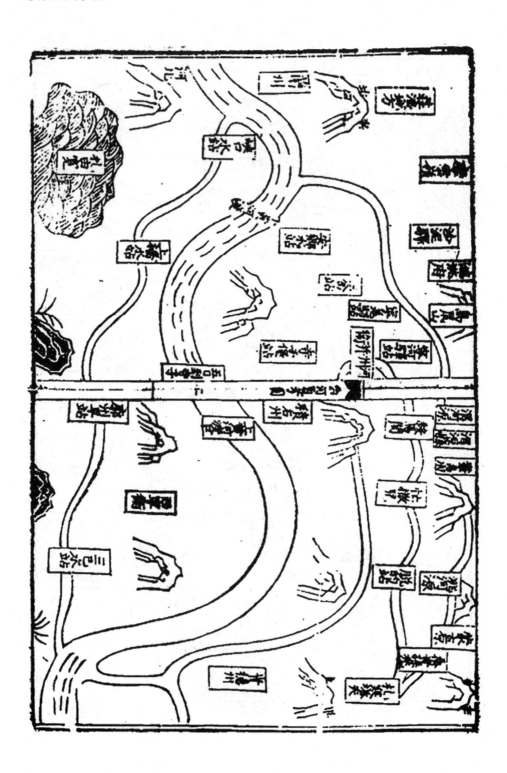

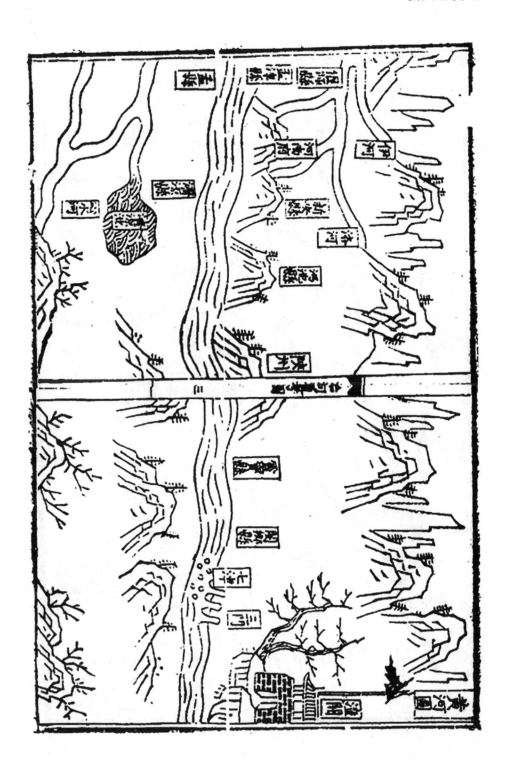

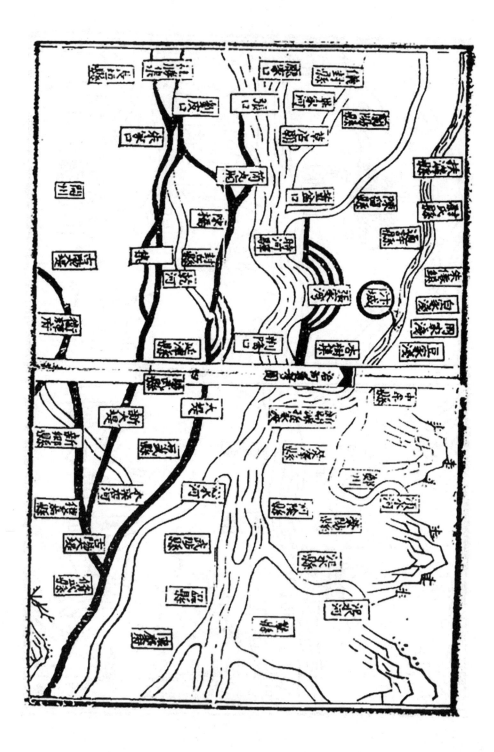

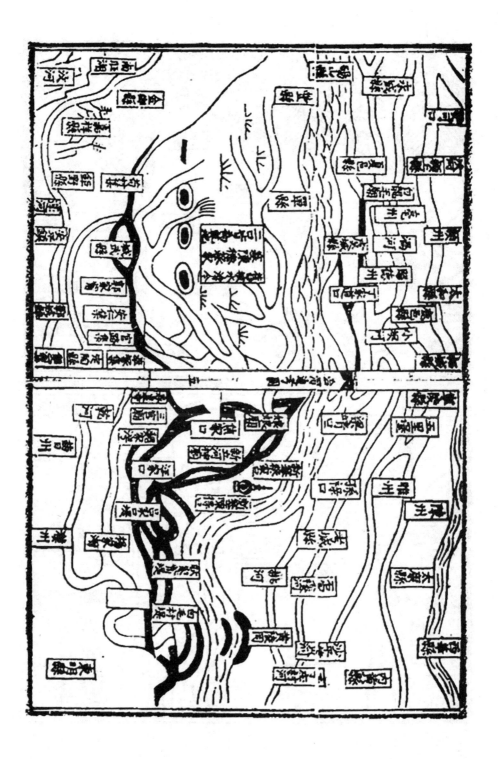

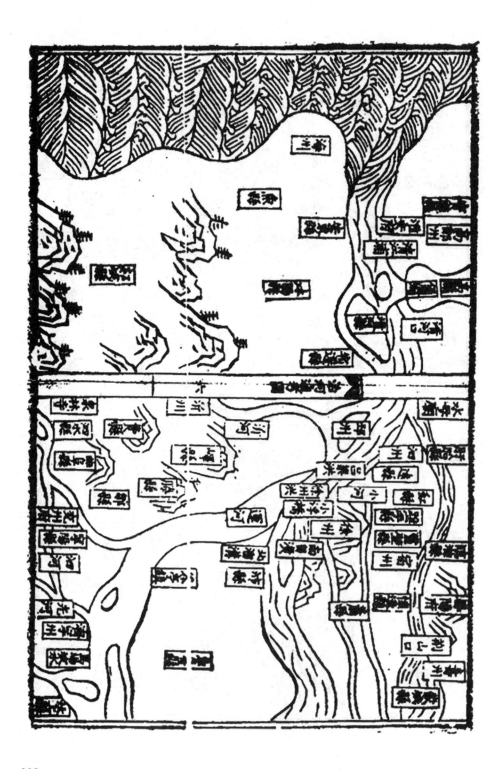

目 录

《治河通考》卷之一

河源考

《夏書·禹貢》：

導河積石[一]，至于龍門[二]，南至于華陰[三]，東至于底柱[四]，又東至于孟津[五]，東過洛汭[六]，至于大伾[七]；北過洚水[八]，至于大陸；又北播為九河[九]，同為逆河，入于海。

【校注】

【一】積石，即積石山，一名大積石山，今青海東南部阿尼瑪卿山。

【二】龍門，即禹門口，今山西河津市西北和陝西韓城市東北。

【三】華陰，古地名，今山西華陰。

【四】底柱，山名，亦名砥柱山、三門山，今山西平陸縣東、河南陝縣東北黃河中。

【五】孟津，古黃河津渡名，又名盟津、富平津、武濟、陶河，今河南孟縣南、孟津縣東北。

【六】洛汭，古地名，今河南鞏義市東北。水曲流曰汭，洛汭，洛水入河處。

【七】大伾，山名，一作九曲山，今河南榮陽市西北汜水鎮西北一里。

【八】泲水，即絳水，今山東龍口市東北。《方輿紀要》卷三十六黃縣“大沽河”條下：泲水“原出縣東南二十里之泲山，流合黃水，至馬停鎮入於海”。

【九】九河，據《爾雅·釋水》即指徒駭、太史、馬頰、覆釜、胡蘇、簡、絜、鈎盤、鬲津等九河，當在今華北平原東部近海一帶，其具體流經地今已不能確指。近人多主張九河為古代黃河下游衆多支派的合稱，不一定是指九條河。

蔡（傅）[傳][一]曰：河自積石三千里而後至龍門。《經》但一書積石，不言方向，荒遠在所略也。龍門而下，因其所經，記其自北而南，則曰南至華陰。記其自南而東，則曰東至底柱。又詳記其東向所經之地，則曰孟津，曰洛汭，曰大伾。又記其自東而北，則曰北過洚水，又詳記其北向所經之地，則曰大陸，曰九河。又記其入海之處，則曰逆河。自洛汭而上，河行于山，其地皆可考。自大伾而下，垠岸高于平地，故決嚙流移，水陸變遷，而（降）[泲][二]水、大陸、九河、逆河，皆難指實。然上求大伾，下得碣石，因其方向，辨其故迹，則猶可考也。

程氏[三]曰：自洛汭以上，山水名稱、迹道，古今如一。自大伾以下，不特水道難考，雖名山舊嘗憑河者，亦復不可究辨。非山有徙移也，河既變遷，年世又遠，人知新河之為河，不知舊山之不附新河，輒並河求之，安從而得舊山之真歟？

【校注】

【一】傳，原作“傅”，據史實改。

【二】泲，原作“降”，據史實改。

【三】程氏，即程大昌（1123—1195年），字泰之，南宋徽州休寧（今屬安徽）人，著有《禹貢論》。

《西漢書·張騫傳》：

漢使窮河源，其山多玉石，采來，天子案古圖書，名河所出山昆侖[一]云。

【校注】

【一】昆侖，又作昆侖墟，古昆侖山包括今喀喇昆侖山（今新疆維吾爾自治區與喀什米爾之間）、昆侖山（西起帕米爾高原，綿延於新疆、西藏之間，向東延入青海境內）。古代把塔里木河南源視為黃河源，昆侖山往往被誤認為黃河發源處。《山海經·西山經·西次三經》："昆侖之丘……河水出焉。"

《西漢書·西域志》：

西域中央有河，其河有兩原：一出葱嶺山[一]下，一出于闐[二]。于闐在南山下，其河北流，與葱嶺河[三]合，東注蒲昌海[四]。蒲昌海，一名鹽澤者也，去玉門[五]、陽關[六]三百餘里，廣袤三百里。其水停居，冬夏不增減，皆以為潛行地下，南出於積石，為中國河[七]云。

【校注】

【一】葱嶺山，今新疆維吾爾自治區（以下簡稱新疆）西南，古代為帕米爾高原和昆侖山、喀喇昆侖山西部諸山的總稱。

【二】于闐，指于闐河，今新疆西南部之和田河。

【三】葱嶺河，今新疆塔里木河上源葉爾羌河。

【四】蒲昌海，又名鹽澤、泑澤，今新疆若羌縣東北羅布泊。

【五】玉門，亦名玉門關，西漢武帝置，今甘肅敦煌市西北小方盤城。

【六】陽關，古地名，西漢置，今甘肅敦煌市西南古董灘西。

【七】中國河，指黃河。

《山海經》：

昆侖山縱橫萬里，高萬一千里，去嵩山【一】五萬里，有青河、白河、赤河、黑河環其墟。其白水出其東北陬，屈向東南流為中國河。河百里一小曲，千里一大曲，發源及中國，大率常然。東流潛行地下，至規期山北流，分為兩源，一出蔥嶺，一出于闐。其河復合，東注蒲昌海，復潛行地下，南出積石山，西南流，又東迴入塞，過敦煌【二】、酒泉【三】、張掖郡【四】，南與洮河【五】合，過安定【六】、北地郡，【七】（地）[北]【八】流過朔方郡【九】西，又南流過五原郡【一○】南，又東流過雲中【一一】、西河郡【一二】東，又南流過上郡河東郡【一三】西而出龍門，汾水從東於（北）[此]【一四】入河，東即龍門所在。龍門未開，河出孟門【一五】東，大溢，是謂洪水。禹鑿龍門，始南流。至華陰、潼關【一六】，與渭水合，又東迴砥柱，砥柱，山名。河水分流，包山而過，山見水中若柱然。今陝州東、河北、陝縣三縣界。及洛陽，孟津所在。至鞏縣與洛水合，成皋與濟水合，濟水出河北，至王屋山【一七】而南，截河渡，正對成皋【一八】。又東北流過武德【一九】，與沁水【二○】合。至黎陽【二一】、信都，信都，今冀州【二二】，絳水所在。絳水亦曰瀆水，一曰漳水。鉅鹿之北，遂分為九河。鉅鹿，今邢州【二三】，大陸所在。大陸，澤名。九河，一曰徒駭、二太史、三馬頰、四覆釜、五湖蘇、六簡、七絜、八鈎盤、九鬲津。又合為一河而入海。齊桓公塞九河以廣田居，故館陶、貝丘、廣川、信都、東光、河間以東城池，九河舊迹猶存。漢代河決金堤，南北多罹其害，議者常欲求九河故迹而穿之，未知其所。是以班固云：自茲距漢以亡其八枝。河之故瀆，自沙丘堰南分，（也）[河]【二四】出焉。故《尚書》稱，導河積石，至于龍門，今絳州【二五】龍門縣界，南至于華陰，北至于砥柱，東至于孟津。在洛北，都道所奏，古今以為津。東過洛汭，至于大伾。洛汭，今鞏縣【二六】，在河洛合流之所也。大伾山，今汜水縣【二七】，即故成皋也。山再成曰伾，北過［絳］【二八】水，至於大陸，其絳水，今冀州信都【二九】。大陸，澤名，今邢州鉅鹿【三〇】。又北播為九河，同為逆河入海是也。同，合。出九河又合為一，名為逆河。逆，（行）［迎］【三一】也，言海口有（潮）［朝］【三二】夕潮，以迎河水。

【校注】

【一】嵩山，古名嵩高、外方、大室，今河南登封。《清一統志·河南府一》引《舊志》曰："嵩山在登封縣北十里。其山東跨密縣，西跨洛陽，北跨鞏縣，延亘百五十里。太室中為峻極峰，左右列峰各十二，凡二十四峰。又西二十里為少室山。其峰三十有六。"

【二】敦煌，此指敦煌郡，西漢元鼎六年（前111年）分酒泉郡置，治所在敦煌縣（今甘肅敦煌市西），轄境相當今甘肅疏勒河以西及以南地區。

【三】酒泉，西漢元狩二年（前121年）置，治所在禄福縣（今甘肅酒泉），轄境相當今甘肅疏勒河以東、高臺縣以西地區。

【四】張掖郡，西漢元鼎六年（前111年）分武威郡置，治所在觻得縣（今甘肅張掖），轄境相當今甘肅永昌縣以西、高臺縣以東地區。

【五】洮河，黃河上游支流，今甘肅西南部，源出甘、青二省邊境西頃山東麓，東流到岷縣折向北，經臨洮縣到永靖縣城附近入黃河。

【六】安定郡，西漢元鼎三年（前114年）置，治所在高平縣（今寧夏回族自治區固原），轄境相當今甘肅景泰、靖遠、會寧、平涼、涇川、鎮原及寧夏回族自治區（以下簡稱寧夏）中寧、中衛、同心、固原、彭陽等縣地。

【七】北地郡，西漢移治馬領縣（今甘肅慶陽縣西北），轄境相當今寧夏賀蘭山、山水河以東及甘肅環江、馬蓮河流域。

【八】北，原作"地"，據《太平御覽》卷六十一（《四部叢刊三編》本）改。

【九】朔方郡，西漢元朔二年（前127年）置，治所在朔方縣（今內蒙古杭錦旗北什拉召一帶），轄境相當今內蒙古伊克昭盟西北部及巴彥淖爾盟後套地區。

【一〇】五原郡，西漢元朔二年（前127年）置，治所在九原縣（今内蒙古烏拉特前旗東南黑柳子鄉三頂帳房村古城），轄境相當今内蒙古後套以東、陰山以南、包頭市以西和達拉特、准噶爾等旗。

【一一】雲中郡，戰國趙武靈王置，秦時治所在雲中縣（今内蒙古托克托縣東北古城），轄境相當今内蒙古土默特右旗以東、大青山以南、卓資縣以西，黄河南岸及長城以北地。西漢轄境縮小。

【一二】西河郡，西漢元朔四年（前125年）置，治所在平定縣（今内蒙古伊金霍洛旗東南境），一説治所在富昌縣，轄境相當今内蒙古伊克昭盟東部、山西吕梁山、蘆芽山以西，石樓以北以及陝西宜川以北黄河沿岸地帶。

【一三】河東郡，戰國魏置，後屬秦，治所在安邑縣（今山西夏縣西北十五里禹王城），轄境相當今山西沁水以西、霍山以南地區。

【一四】此，原作“北”，據《太平御覽》卷六十一改。

【一五】孟門，古地名，春秋晋國隘道，在今河南輝縣市西。《左傳》：襄公二十三年（前550年），“齊侯遂伐晋，取朝歌，為二隊，入孟門，登太行”。杜注：“孟門，晋隘道。”

【一六】潼關，古地名，今陝西潼關縣東北。

【一七】王屋山，山名，今河南濟源市西北九十里與山西陽城縣交界處。

【一八】成皋，古地名，春秋鄭國虎牢邑，後名成皋，今河南滎陽市西北汜水西。

【一九】武德，古地名，有武德縣，秦置，屬河内郡，治所在今河南武陟縣東南十四里大城村。

【二〇】沁水，一名少水，即今山西東南部沁河，源出沁源縣北綿山二郎神溝，南流經安澤、沁水、陽城諸縣，入河南濟源市境，東流至武陟縣南入黄河。

【二一】黎陽，古地名，有黎陽縣，西漢置，屬魏郡，治所在今河南浚縣東。

【二二】冀州，古九州之一，《尚書·禹貢》中冀州，西、南、東三面都以當時黄河與雍、豫、兗、青等州為界，指今山西和陝西間黄河以東、河南和山西間黄河以北及山東西部、河北東南部。《爾雅·釋地》：“兩河間曰冀州。”《周禮·職方》：“河内曰冀州。”

【二三】邢州，古地名，今河北邢臺。

【二四】河，原作“也”，據《太平御覽》卷六十一改。河，據《水經注》卷五（中華書局 2007 年版），當為屯氏河。

【二五】絳州，北周武成二年（560 年）改東雍州置，治所在龍頭城（今山西聞喜東北），轄境相當今山西河津、稷山、新絳、曲沃、絳縣、翼城等縣地。

【二六】鞏縣，秦置，屬三川郡，治所在今河南鞏義市西南。

【二七】氾水縣，古地名，今河南滎陽市西北氾水鎮。

【二八】絳，原脱，據《太平御覽》卷六一補。

【二九】信都，又稱信宫，即檀臺，在今河北邯鄲市永年縣（臨洺關）北。

【三〇】鉅鹿，古地名，戰國趙邑，故址在今河北平鄉縣西南平鄉鎮，秦置鉅鹿縣，為鉅鹿郡治。

【三一】迎，原作“行”，據字義改。

【三二】朝，原作“潮”，據文意改。

《水經》酈道元注：

昆侖墟在西北。

三成為昆侖丘，《昆侖説》曰：昆侖之山三級，下曰樊桐，一名板松；二曰玄圃，一名閬風；上曰層城，一名天庭，是謂太帝之居。

去嵩高五萬里，地之中也。

《禹本紀》與此同。高誘稱，河出昆山[一]，伏流地中萬三千里，禹導而通之，出積石山。按《山海經》，自昆侖至積石一千七百四十里，自積石出隴西郡至洛，準地志可五千餘里。

【校注】

【一】昆山，即昆侖山。

河水出其東北陬，

《春秋説題辭》曰：河之為言荷也，荷精分布，懷陰引度也。《釋名》曰：河，下也，隨地下處而通流也。《考異郵》曰：河者，水之氣，四瀆之精也，所以流化。《元命苞》曰：五行始焉，萬物之所由生，元氣之腠液也。《孝經援神契》曰：河者，水之伯，上應天漢。《風俗通》曰：江、淮、河、濟為四瀆。四瀆，通也，所以通中國垢濁。《白虎通》曰：其德著大，故稱瀆。

屈從其東南流，入于渤海。

《山海經》曰：南即從極之淵也，一曰中極之淵，深三百仞，唯馮夷都焉。《括地圖》曰：馮夷恒乘雲車，駕二龍。河水又出於陽紆[一]陵門之山，而注於馮逸之山。

【校注】

【一】陽紆，古地名，又作楊紆、陽華、楊陓，舊説在今陝西境，又有隴縣、華陰、涇陽等説法。

又出海外，南至積石山下，有石門，河水冒以西南流。河水又南入葱嶺山。

河水重源有三，非為二也。一源西出捐毒之國[一]，葱嶺之上，西去休循[二]二百餘里，皆故塞種也。南屬葱嶺，高千里。《西河舊事》曰：葱嶺在敦煌西八千里，其山高大，上生葱，故曰葱嶺也。

【校注】

【一】 捐毒之國，即捐毒國，古西域地名，《漢書·捐毒國傳》載："捐毒國，王治衍敦谷，去長安九千八百六十里。户三百八十，口千一百，勝兵五百人。東至都護治所二千八百六十一里。至疏勒。南與葱嶺屬，無人民。西上葱嶺，則休循也。西北至大宛千三十里，北與烏孫接。衣服類烏孫，隨水草，依葱嶺，本塞種也。"

【二】 休循，指休循國，漢西域地名，都城烏飛谷（在帕米爾北部，今吉爾吉斯斯坦南部薩雷塔什），西漢神爵二年（前60年）後屬西域都護府。

又西逕罽賓國【一】北，

【校注】

【一】 罽賓國，又作凜賓國、劫賓國、羯賓國，為漢朝時之西域地，開伯爾山口附近。西漢時期，罽賓指卡菲里斯坦至喀布爾河中下游之間的河谷平原。

月氏【一】之破，塞王南君罽賓，治循鮮城【二】。土（城）[地]【三】平和，無所不有，金銀珍寶，異畜奇物，踰於中夏，大國也。

【校注】

【一】 月氏，古民族名。秦漢之際，游牧於敦煌、祁連間。西漢文帝時，月氏為匈奴所逐，大部西徙至今伊犁河流域及其以西一帶，稱為大月氏。少數没有西遷的入南山（今祁連山），與羌人雜居，稱為小月氏。

【二】循鮮城，漢代西域罽賓國都城，在今喀什米爾潘德勒坦。

【三】地，原作"城"，據《水經注》卷二改。

又西逕月氏國^{【一】}南，又西逕安息^{【二】}南，與蜺羅跂禘水同注雷翥海。

【校注】

【一】月氏國，即月氏道，古地名，西漢置，屬安定郡，治所當在今寧夏隆德縣境。

【二】安息，亞洲西部古國，即今伊朗，都城在番兜（即百牢門，今達姆甘），後又相繼遷至埃克巴坦那，忒息豐（今伊拉克巴格達附近），領有全部伊朗高原及兩河流域。

釋氏《西域傳》曰：蜺羅跂禘出阿耨達山^{【一】}西之北，逕于闐國。《漢書·西域傳》曰：于闐以西，水皆西流，注于西海^{【二】}。

【校注】

【一】阿耨達山，山名，即昆侖山。

【二】西海，《水經·河水注》："敦薧之水自西海徑尉犁國。"指今新疆博斯騰湖。

又西逕四大塔北，又西逕陀衛國北。河水又東逕皮山國^{【一】}北，其一源出于闐國南山，北流與葱嶺河合，東注蒲昌海。

【校注】

【一】皮山國，一作蒲山國，漢西域三十六國之一，屬西域都護府，都城在皮山城（今新疆皮山縣東南）。東漢時為于闐國所并。

又西北流注于河。

即《經》所謂北注葱嶺河也。

南河又東逕于闐北。

釋氏《西域記》曰：河水東流三千里至于闐，屈東北流者也。《漢書·西域傳》曰：于闐（已）[以]^[一]東，水皆東流。

南河又東北逕（杆）[扜]^[二]彌國^[三]北，又東逕且（未）[末]國^[四]北。

【校注】

【一】以，原作“已”，據文意改。

【二】扜，原作“杆”，据史實改。

【三】扜彌國，古地區名，西去于闐三百九十里。

【四】末，原作“未”，據史實改。且末國，古地區名，今新疆且末縣東南，東漢時并入鄯善。

北河又東北流，分為二水，枝流出焉。北河自疏勒^[一]逕流南河之北。

【校注】

【一】疏勒，又作竭叉、沙勒、佉沙等，漢西域三十六國之一，屬西域都護府，都城在疏勒城（今新疆喀什）。

北河又東逕莎車國^[一]南。

【校注】

【一】莎車國，漢西域三十六國之一，屬西域都護府，都城在莎車城（今新疆莎車縣）。

治莎車（域）［城］^{【一】}，西南治去蒲（黎）［犁］^{【二】}（一）［七］^{【三】}百四十里。漢武帝開西域［屯］^{【四】}田於此，有鐵山，出青玉。

【校注】

【一】城，原作“域”，據史實改。

【二】犁，原作“黎”，據史實改。蒲黎，即蒲犁國，漢西域三十六國之一，屬西域都護府，都城在蒲犁谷（今新疆塔什庫爾幹塔吉克自治縣城東北石頭城遺址）。

【三】七，原作“一”，據史實改。

【四】屯，原脱，據文意補。

北河之東南逕温宿國^{【一】}。

【校注】

【一】温宿國，漢西域三十六國之一，屬西域都護府，都城在温宿城（今新疆烏什縣）。清武英殿聚珍版叢書本《水經注》卷二此句後有按語云：“案此九字近刻訛作北河之東南逕温宿國，又原本及近刻并訛作經，考上下文，皆叙枝河所逕此。北字亦屬後人妄改，今訂正。”

治温［宿］^{【一】}城，（上）［土］^{【二】}地物類與都鄯^{【三】}同。北至（烏操）［烏孫］^{【四】}赤谷六百一十里，東通姑墨^{【五】}二百七十里，於此枝河右入北河。

【校注】

【一】宿，原脱，據史實補。

【一】土，原作"上"，據文意改。

【三】鄯鄯，即鄯善，鄯善國，漢西域三十六國之一，本名樓蘭，西漢元鳳四年（前77年）改名鄯善，屬西域都護府，都城扜泥城（今新疆若羌縣東北羅布泊西岸）。

【四】烏孫，原作"烏操"，據《水經注》卷二改。

【五】姑墨，姑墨國，一作姑默國，漢西域三十六國之一，屬西域都護府，都城在南城（今新疆温宿縣東柴木臺鄉喀什艾日克村古城）。

北河又東逕姑墨國南。

入姑墨，川[一]水注之，導姑墨西北，[歷][二]赤沙山[三]，东南流逕姑墨國西治，南至于闐，馬行十五日。

【校注】

【一】川，指姑墨川，古河流名，今新疆塔里木河支流阿克蘇河。

【二】歷，原脱，據《水經注》卷二補。

【三】赤沙山，古地區名，在今新疆温宿縣北。

河水又東逕注賓城南，又東逕樓蘭[一]城南而東注。

【校注】

【一】樓蘭，漢西域國名，都城在扜泥城（今新疆若羌縣東北羅布泊西岸樓蘭古城），西漢元鳳四年（前77年）改名鄯善國。

河水又東注于泑澤。

即《經》所謂蒲昌海也。水積鄯鄯之東北，龍城之西南。龍城，故姜賴之墟，胡之大國也。蒲海溢，蕩覆其國，城基尚存而至大，晨發西門，暮達東門。瀹其（岸）[崖][一]岸，餘溜風吹，稍成龍形，皆西面向海，因名龍城。

又東入塞，過敦煌、酒泉、張掖郡南。

河水又自東河曲，逕西海郡[二]南。

【校注】

【一】崖，原作“岸”，據史實改。

【二】西海郡，西漢元始四年（4 年）置，治所在龍夷城（今青海海晏），轄境相當今青海省青海湖東部和北部地帶。

河水又東逕允川[一]而歷大榆、[小榆]谷[二]北。

【校注】

【一】允川，古地名，今青海貴德西北黃河以北地區。

【二】原脱“小榆”，據酈道元《水經注》卷二《河水》，王先謙《合校水經注》（中華書局 2009 年版）補。大榆谷，古地名，今青海貴德東北、尖紮西北黃河南岸一帶。

又東過隴西河關縣北，洮水從東南來流注之。

河水又東北流入西平郡[一]界，左合二川，南流入河。河水東又逕澆河故城[二]北，又東北逕黃川城。河水又東逕石城南，左合北谷水，又東北逕廣違城[三]北，又合烏頭川水。河水又東臨津溪水注之，東逕赤岸北，洮水注之，又東過金城、允吾、榆中[四]、天水、安定[五]北界麥田山。

河水東北流，逕於黑城^[六]北，又東北，高平川^[七]水注之，又北過北地富平縣^[八]西。

以後俱逕晉地。

【校注】

【一】西平郡，東漢建安中分金城郡置，治所在西都縣（今青海西寧），轄境相當今青海湟源、樂都兩縣間湟水流域。

【二】澆河城，古地名，今青海貴德縣南。

【三】廣違城，即廣威縣，古地名，北魏孝昌二年置，屬洮河郡，治所在今青海化隆縣境。

【四】榆中，古地名，今甘肅蘭州市榆中縣一帶。

【五】安定，指安定縣，西漢置，屬安定郡，治所在今甘肅涇川縣北五里水泉寺村。

【六】黑城，古地名，今內蒙古額濟納旗（達來呼布鎮）東南五十里納林河東岸。

【七】高平川，古河流名，今寧夏南部清水河。

【八】富平縣，秦置，屬北地郡，治所在今寧夏吳忠市西南黃河東岸，東漢為北地郡治。

又南出龍門口，汾水從東來注之。南逕子夏石室^[一]，又南至華陰潼關，渭水從西來注之。河水歷船司空，與渭水會。河水又東北，玉澗水^[二]注之。又東過砥柱間，河之右，則崿水注之。河水又東，千崤之水注焉。又東過平陰縣^[三]北，又東至鄧^[四]，清水^[五]從西北來注之。又東逕平陰縣北，河水右會湛水^[六]。河水又東過平陰縣北，湛水^[七]從北來注之。河水又東逕洛陽縣北。河水又東，淇水入焉。又東，沛水注焉。又東，過鞏縣北，洛水^[八]

又從縣西北流注之。又東，過成皋縣北，濟水[九]從北來注之。河水東逕成皋大伾山下，南對玉門。又東合汜水[一〇]，又東逕五龍塢北，又東過滎陽縣，浪蕩渠[一一]出焉。

【校注】

【一】子夏石室，地名，今陝西韓城市西南。

【二】玉澗水，一名閿鄉水，今河南靈寶市西雙橋河。

【三】平陰縣，秦置，屬三川郡，治所在今河南孟津縣東北，西漢屬河南郡。

【四】鄧，古地名，戰國魏邑，今河南孟縣西南。

【五】清水，黃河支流，今山西垣曲縣南亳清河，源於今山西聞喜縣東，東南流經垣曲縣南入黃河。

【六】淇水，古黃河支流，今河南淇河，南流至今衛輝市東北淇門鎮南入河。

【七】湛水，河流名，今河南濟源市西南。

【八】洛水，黃河支流，一作雒水，今河南洛河。

【九】濟水，古四瀆之一，包括黃河南、北兩部分。河北部分源出今河南濟源市西王屋山，下游屢經變遷。據《漢書·地理志》《水經》記載，其時濟水自今河南滎陽市北分黃河東出，流經原陽縣南、封丘縣北，至山東定陶縣西，折東北注入巨野澤，又自巨野澤北經梁山縣東，至東阿舊治西，以下至濟南市北濼口，略同今黃河河道；自濼口以下至海，略同今小清河河道。今上游發源地尚存，而下游為黃河及大、小清河所奪。

【一〇】汜水，河流名，源出今河南鞏義市東南，北流經滎陽市汜水鎮西，北入黃河。

【一一】浪蕩渠，即狼湯渠，河流名。段玉裁《說文解字注》：“《前志》

作狼湯……《水經注》作蒗蕩渠，《集韻》作蒗蕩渠，皆音同字異。"

河水又東北，逕卷[一]之扈亭北，德縣東，沁水從之，東至酸棗縣[二]西，濮水東出焉。河水又東北，通謂之延津[三]，又逕東燕縣[四]故城北，則有濟水自北來注之。河水又東，淇水入焉。又東，逕遮害亭[五]南，又右逕滑臺城[六]，又東北過黎陽縣南。自津東北逕涼城縣[七]。又東北逕伍子胥廟南，又東北為長壽津[八]。

【校注】

【一】卷，古地名，戰國魏邑，今河南原陽縣西圈城。

【二】酸棗縣，秦置，屬東郡，治所在今河南延津縣西南十五里，漢屬陳留郡。

【三】延津，古津渡名，一名靈昌津，宋代以前黃河流經今河南延津縣西北至滑縣一段為重要渡口，總稱延津。宋以後黃河改道，延津遂湮。

【四】燕縣，秦置，屬東郡，治所在今河南延津縣東北三十五里，西漢改為南燕縣。

【五】遮害亭，古地名，今河南浚縣西南。《漢書·溝洫志》：賈讓獻治河策，"今行上策，徙冀州之民當水衝決者，決黎陽遮害亭，放河使北入海"。

【六】滑臺城，古地名，今河南滑縣東南城關鎮。

【七】涼城縣，古地名，治所在今河南滑縣東北。

【八】長壽津，古津渡名，今河南濮陽縣西南古黃河上。

至于大陸，北播于九河。

以後俱逕衛、魯、趙地，北入海。

《元史·河源附錄》：

河源古無所見。《禹貢》導河，止自積石。漢使張騫持節，通西域，度玉門，見二水交流，發葱嶺，趨[一]于闐，匯鹽澤，伏流千里，至積石而再出。唐薛元鼎使吐蕃，訪河源，得之於悶磨黎山。然皆歷歲月，涉艱難，而其所得不過如此。世之論河源者，又皆推本二家。其説怪誕，總其實，皆非本真。意者，漢、唐之時，外夷未盡臣服，而道未盡通，故其所往，不無迂回艱阻，不能直抵其處而究其極也。

元有天下，薄海内外，人迹所及，皆置驛傳，使驛往來，如行國中。至元十七年，命都實為招討使[二]，佩金虎符，往求河源。都實既受命，是歲至河州[三]。州之東六十里，有寧河驛[四]。驛西南六十里，有山曰殺馬關[五]，林麓窮隘，舉足浸高，行一日至巔。西去愈高，四閱月，始抵河源。是冬還報，并圖其城傳位置以聞。其後翰林學士[六]潘昂霄[七]從都實之弟闊闊出得其説，撰為《河源》。臨川朱思本[八]又從公八里吉思家得帝師所藏梵字圖書，而以華文譯之，與昂霄所志，互有詳略。今取二家之書，考定其説，有不同者，附注于下。

按河源在吐蕃朵甘思[九]西鄙，有泉百餘泓，沮洳散渙，弗可逼視，方（可）[七][一〇]八十里，履高山下瞰，燦若列星，以故名火敦腦兒[一一]。火敦，譯言星宿也。思本曰：河源在中州[一二]西南，直四川馬湖[一三]蠻部之正西三千餘里，雲南麗江宣撫司之西北一千五百餘里，帝思撒思加地之西南二千餘里。水從地涌出入井。其井百餘，東北流百餘里，匯為大澤，曰火敦腦兒。群流奔轑，近五七里，匯二巨澤，名阿剌腦兒。自西而東，連屬吞噬，行一日，迤邐東鶩成川，號赤賓河[一四]。又二三日，水西南來，名赤里出，與赤賓河合。又三四日，水（來南）[南來][一五]，名忽闌[一六]。又水東南來，名也里术，合流入赤賓，其流浸大，始名黃河，然水猶清，人可涉。思本曰：忽闌河源，出自南山[一七]，其地大山峻嶺，綿亘千里，水流五百餘里，注也里出河。也里出河源，亦出自南山，西北流五百餘里，始與黃河合。又一二日，岐為八九股，名也孫幹倫[一八]，譯言九渡，通廣五七里，可度馬。又四五日，水渾濁，土人抱革囊，騎過之。聚落紏木幹象舟，（傳）[傅][一九]毳革以濟，僅容兩人。自是兩山峽束，廣可一里、二里或半里，其深叵測。朵甘思東北有大雪山，名亦耳麻不莫剌，其山最高，譯言騰乞里塔，即昆侖也。山腹至頂皆雪，冬夏不消。土人言，遠年成冰時，六月見之。自八九股水至昆侖，行二十日。思本曰：自渾水東北流（一）[二]百餘里[二〇]，與懷里火禿河[二一]合。懷里火禿河源自南山，正北偏西流八百餘里，與黃河合，又東北流一百[餘里][二二]，過即麻哈地。又正北流一百餘里，乃折而西北流二百餘里，又折而正北流一百餘里，又折西而東流，過昆侖山下，番名亦耳麻不剌。其山高峻非常，山麓綿亘五百餘里，河隨山足東流，過撒思家[二三]即闊[二四]、闊提[二五]地。河行昆侖南半日，又四五日，至地名（而闊）[闊即][二六]及闊提，二地相屬。又三日，地名哈剌別里赤兒，四達之衝也，多寇盜，有官兵鎮之。近北二日，河水過之。思本曰：河過闊提，與亦西八思今河合。亦西八思今河源自鐵豹嶺[二七]之北，正北流凡[二八]五百餘里，而與黃河合。昆侖以西，人簡少，多處山南。山皆不穿峻，水益散漫，獸有毳牛、野馬、狼、狍、羱羊之類。其東，山益高，地益漸下，岸狹隘，有狐可一躍而越之處。行五六日，有水西南來，名納鄰哈剌[二九]，譯言細黃河也。思本曰：哈剌河自白狗嶺[三〇]之北，水西北流五百餘里，與黃河合。又兩日，水南來，名乞兒馬出[三一]。二水合流入河。思本曰：自哈剌河與黃河合，正北流二百餘里，過（河）[阿][三二]以伯站，折而西北流，經昆侖之北二百餘里，與乞里馬出河合。乞里馬出河源自威[三三]、茂州[三四]之西北，岷山[三五]之北，水北流，即古當州[三六]境，正北流四百餘[三七]里，折而西北流，又五百餘里，與黃河合。

河水北行，轉西流，過昆侖北，一向東北流，約行半月，至歸德州[三八]，地名必赤里[三九]，始有州治官府。州隸吐蕃等處宣慰司，司治河州。又四五日，至積石州【四〇】，即《禹貢》積石。五日，至河州安鄉關【四一】。一日，至打羅坑。東北行一日，洮河水南來入河。思本曰：自乞里馬出河與黃河合，又西北流，與鵬拶河合。鵬拶河源自鵬拶山之西北，水正西流七百餘里，通札塞塔失地，與黃河合。折而西北流三百餘里，又折而東北流，過西寧州【四二】、貴德州【四三】、馬嶺【四四】凡八百餘里，與邈水合。邈水源自青唐【四五】宿軍谷，正東流五百餘里，過三巴站【四六】與黃河合。又東北流，過土橋站古積石州來羌城【四七】、廓州【四八】撝米站界都城凡五百餘里，過河州與野龐河【四九】合。野龐河源自西傾山【五〇】之北，水東北流凡五百餘里，與黃河合。又東北流一百餘里，過踏白城【五一】銀川站【五二】與湟水【五三】、浩亹河【五四】合。湟水源自祁連山【五五】下，正東流一千餘里，注浩亹河。浩亹河源自刪丹州之南刪丹（州）[山]【五六】下，水東南流七百餘里，注（黃）[湟]【五七】水，然後與黃河合。又東北流一百餘里，與洮河合。洮河源自羊撒嶺【五八】北，東北流，過臨洮府【五九】凡八百餘里，與黃河合。又一日，至蘭州【六〇】，過北卜渡。至鳴沙河，過應吉里州，正東行。至寧夏府【六一】南，東行，即東勝州，隸大同路【六二】。自發源至漢地，南北澗溪，細流旁貫，莫知紀極。山皆草石，至積石方林木暢茂。世言河九折，彼地有二折，蓋乞兒馬出及貴德必赤里也。思本曰：自飛水與河合，北流過達[達]【六三】地，凡八百餘里。過豐州【六四】西受降城【六五】，折而正東流，過達達地古夫德軍中受降城、東受降城凡七百餘里。折而正南流，過大同路雲內州、東勝州與黑河合。黑河源自（漢）[漁]陽嶺【六六】之南，水正西流，凡五百里，與黃河合。又正南流，過保德州、葭州及興州【六七】境，又過臨州，凡一千餘里，與吃那河合。吃那河源自古宥州【六八】，東南流，（通）[過]【六九】陝西省綏德州【七〇】，凡【七一】七百餘里，與黃河合。又南流三百餘里，與延安河合。延安河源自陝西蘆子關【七二】亂山中，南流三百餘里，過延安府【七三】，折而正東流三百里，與黃河合。又南流三百里，與汾河【七四】合。汾河源自河東【七五】朔【七六】、武州【七七】之南

亂山中，西南流，過管州【七八】，冀寧路【七九】汾州【八〇】、霍州【八一】，晋寧路【八二】
絳州，又西流，至龍門，凡一千二百餘里，始與黄河合。又南流二百里，過
河中府【八三】，過潼關【八四】與太華（太）〔大〕山【八五】綿亙，水勢（水）〔不〕【八六】
可復南，乃折而東流。大概河源東北流，所歷皆西（蕃）〔番〕【八七】地，至
蘭州凡四千五百餘里，始入中國。又東北流，過達達地，凡二千五百餘里，
始入河東境内。又南流至河中，一千八百餘里。通計九千餘里。

【校注】

【一】趍，原作“超”，據《元史·地理志·河源附録》（中華書局 1976 年版）
改。吴刻本作“趍”，即“趍”異體字。

【二】招討使，職官名，始置於唐，掌招撫、討伐之事，多以大臣、將
帥或地方軍政長官兼任，兵罷則撤廢。元招討使多置於邊防要地，如吐蕃、
朵思甘等處。

【三】河州，古地名，轄境相當今洮河、大夏河中下游流域，湟水下游
及桑園峽積石峽間黄河流域地。蒙古至元六年（1269 年）改為河州路。

【四】寧河驛，古地名，亦作寧河站，元至元九年（1272 年）置，在今
甘肅和政縣。

【五】殺馬關，古地名，在今甘肅臨夏回族自治州臨夏縣西南。《方輿紀要》
卷六十：“河州：殺馬關‘其林麓控扼，足以守禦。自此而西，舉足浸高。又行
一日至嶺西，其地益高，蓋與西域相出入處。元遣都實訪河源，路出於此。’”

【六】翰林學士，此實為翰林侍讀學士，以通曉文史經義的大臣充任，
為皇帝進讀書史、講釋經義，並兼有顧問應對。

【七】潘昂霄，字景梁，號蒼崖，元濟南人，官至翰林侍讀學士，著有
《蒼崖類稿》《河源記》《金石例》等。

【八】朱思本（1273—？），字本初，號貞一，元撫州路臨川（今江西撫

州）人，工詩文，精輿地之學，著有《貞一齋詩文稿》《廣輿圖》。

【九】朵甘思，亦作朵甘，大體上相當今青海、甘肅藏族聚居區和西藏北境及四川、雲南藏族聚居區和西藏東境。元代為宣政院管轄，置吐蕃等處及吐蕃等路宣慰使司都元帥府。

【一〇】七，原作“方”，據《元史·河渠志》（中華書局 1976 年版）改。

【一一】火敦腦兒，又名星宿海、鄂敦他拉，在今青海曲麻萊縣東北麻多鄉境，為黃河散流地面而成淺湖群分布的沙丘形成的積水盆地。

【一二】中州，元至正十四年（1277 年）置，後屬建昌路，治所在今四川雷波縣西南雷池鄉（瓦崗），轄地相當今四川雷波、金陽、昭覺三縣相連地區。

【一三】馬湖，又名龍湖、龍馬湖，今四川雷波縣東北之馬湖。

【一四】赤賓河，指今青海瑪多縣西北黃河。

【一五】南來，原作“來南”，據《元史·河渠志》改。

【一六】忽蘭，指忽蘭河，今青海瑪多縣南黑河。

【一七】南山，今青海共和縣西青海湖南。

【一八】也孫斡倫，即也孫斡論，指今青海達日縣西北、瑪沁縣西南之黃河。《元史·地理志·河源附錄》：黃河“又一二日，岐為八九股，名也孫斡論，譯言九渡，通廣五七里，可度馬”。

【一九】傳，原作“傅”，據《元史·地理志·河源附錄》改。

【二〇】二百餘里，原作“一百餘里”，據《元史·地理志·河源附錄》改。

【二一】懷里火禿河，今青海達日縣西。

【二二】“餘里”，原脫，據《元史·地理志·河源附錄》補。

【二三】撒思家，即撒思加，西藏薩迦的別稱。

【二四】即闍，即闍即，古地名，今青海久治縣西北。

【二五】闍提，古地名，今青海久治縣西北。

【二六】闊即，原作"而闊"，據《元史·地理志·河源附錄》改。

【二七】鐵豹嶺，岷山別稱，今四川松潘縣西北。《輿地廣記》卷三十："汶山縣：'岷山在西北，俗謂之鐵豹嶺。'"

【二八】凡，原作"兒"，據《元史·地理志·河源附錄》改。

【二九】納鄰哈剌，今四川紅原縣境之白河，在若爾蓋西南注入黃河。

【三〇】白狗嶺，地名，今四川理縣西境邛崍山。

【三一】乞兒馬出，即乞里馬出河，今四川若爾蓋縣東北之黑河。

【三二】阿，原作"河"，據史實改。

【二三】威州，古地名，元屬成都路，治所在鳳坪里（今理縣東北桃坪鄉東之古城）。

【三四】茂州，古地名，元屬吐蕃宣慰司，轄境相當今四川茂縣、汶川、北川等縣地。

【三五】岷山，亦作嶓山，又名汶山、瀆山、汶阜山、汶焦山，今四川西北部，綿延川、甘兩省邊境。《尚書·禹貢》："岷山導江。"為岷山水系與嘉陵水系的發源處。

【三六】當州，唐貞觀二十一年（647年）置，轄境相當今四川黑水縣地，元廢。

【三七】餘，原脫，據《元史·地理志·河源附錄》補。

【三八】歸德州，唐置，為羈縻州，屬靈州都督府，今陝西橫山縣東部。

【三九】必赤里，古地名，今青海貴德縣。

【四〇】積石州，金大定二十二年（1182年）由積石軍升置，轄境相當今青海循化撒拉族自治縣及尖扎、貴德、同仁，甘肅臨夏回族自治州、夏河縣等地。西夏遷治今青海循化撒拉族自治縣（積石鎮）。《元史·太祖紀》："二十二年伐西夏，留兵夏王城，自率師渡河攻積石州"，即此。

【四一】安鄉關，北宋置，屬河州，在今甘肅臨夏回族自治州臨夏縣北蓮花鄉，元升為安鄉縣。

【四二】西寧州，北宋崇寧三年（1104年）置，治所在青唐城（今青海西寧），轄境相當今青海西寧市及大通回族土族自治縣、互助土族自治縣、湟中縣等地。元仍為西寧州，屬甘肅行省。

【四三】貴德州，元至元中置，屬吐蕃等處宣慰司，治所即今青海貴德。

【四四】馬嶺，古地名，今甘肅慶城。

【四五】青唐，指青唐城，故址在今青海西寧。

【四六】三巴站，即三納拉巴，今西藏比如縣東南白嘎區那如鄉駐地色那貢巴。清乾隆《西域同文志》卷十八："西番（藏）語：三謂姓，即三納拉巴。舊有姓三納巴者居之，故名。"

【四七】來羌城，北宋崇寧二年（1103年）置，屬河州，今甘肅臨夏回族自治州臨夏縣東北，金廢。

【四八】廓州，北周建德五年（576年）于澆河故城置，治所在今青海貴德縣南。唐武德二年（619年）復為廓州，移治化隆縣（今青海化隆回族自治縣西六十里黃河北岸），轄境相當今青海化隆回族自治縣即尖紮縣等地。大觀後廢。

【四九】野龐河，今甘肅西南境。《方輿紀要》卷六十："洮州衛：'野龐河在衛西。源出西頃山，經西番東境，北流五百餘里，入黃河。'"

【五〇】西傾山，今甘肅漳縣西北八十里。《方輿紀要》卷五十九："漳縣：西頃山'山勢綿延，西傾水出焉。或以為《禹貢》之西頃山，非也。'"

【五一】踏白城，北宋置，屬河州，今四川安縣南。

【五二】銀川站，即銀川驛，今甘肅積石山保安族東鄉族撒拉族自治縣東銀川鄉。《舊志》："踏白城東有銀川站，黃河所經，驛蓋因舊名也。"

【五三】湟水，又名洛都水、樂都水、西寧河，在今青海省東部，為黃河上游支流，源出今海晏縣西北包呼圖山，東南流經西寧市，至甘肅蘭州市西達家川入黃河。

【五四】浩亹河，今甘肅蘭州市和榆中縣境之大通河。

【五五】祁連山，一名雪山，今甘肅省酒泉市南。廣義的祁連山亦指甘肅省西部和青海省東北部邊境山地，因在河西走廊南邊，亦稱南山。

【五六】山，原作“州”，據史實改。

【五七】湟，原作“黃”，據《元史・地理志・河源附錄》改。

【五八】羊撒嶺，指羊撒關，今甘肅臨潭縣東北羊沙鄉。

【五九】臨洮府，金皇統二年（1142年）升熙州置，屬臨洮路，治所在狄道縣（今甘肅臨洮），轄境相當今甘肅臨洮、康樂、渭源三縣。元屬鞏昌路。

【六〇】蘭州，今蘭州市附近地，元屬鞏昌路。

【六一】寧夏府，明洪武三年（1370年）改寧夏路置，屬甘肅行省，治所即今寧夏銀川市，轄境相當今寧夏西北部黃河沿岸地區。

【六二】大同路，元至元二十五年（1288年）改大同府置，治所在大同縣（今山西大同），轄境相當今山西內長城以北，內蒙古大青山以南地區。

【六三】達，原脫，據《元史・地理志・河源附錄》補。即韃靼。

【六四】豐州，遼神冊五年（920年）置，治所在富民縣（今內蒙古呼和浩特市東白塔村），轄境約相當今內蒙古呼和浩特市、和林格爾縣及附近地。元省縣入州，屬大同路。

【六五】受降城，唐景龍二年（708年）張仁願於黃河以北築三受降城，首尾相應，用以防禦突厥的侵擾。中受降城在今內蒙古包頭市西南敖陶窯村古城；東受降城在今托克托縣南；西受降城在今內蒙古杭錦後旗北烏加河北岸，狼山口南，東去中受降城三百八十里。其後東西兩城均曾改築。

【六六】漁陽嶺，原作“漢陽嶺”，據《元史・地理志・河源附錄》改。漁陽嶺，今內蒙古武川縣東南。

【六七】過保德州葭州及興州境，原作“過保德州及與州境”，據《元史·地理志·河源附録》改。保德州，金大定二十二年（1182年）改保德軍置，治所在保德縣（今山西保德），元屬冀寧路，轄境相當今山西保德、河曲、興縣地。葭州，金大定二十四年（1184年）改晉寧州置，治所即今陝西佳縣，轄境相當今陝西吳堡、佳縣、神木等縣市地。元屬延安路，轄境擴大至今府谷縣。興州，金末改合何縣置，治所即今山西興縣，轄境相當今山西興縣地。

【六八】宥州，唐開元二十六年（738年）置，治所在延恩縣（今内蒙古鄂托克旗南境），轄境相當今内蒙古鄂托克旗、鄂托克前旗及烏海市地。元廢。

【六九】過，原作"通"，據文意改。

【七〇】綏德州，金大定二十二年（1182年）升綏德軍置，治所在綏德城（今陝西綏德），轄境相當今陝西綏德、清澗、米脂、子洲等縣地。元屬延安路。

【七一】凡，原作"幾"，據《元史·地理志·河源附録》改。

【七二】蘆子關，亦稱蘆關，今陝西志丹縣北與靖邊縣交界處。

【七三】延安府，北宋元祐四年（1089年）升延州置，治所在膚施縣（今陝西延安），轄境相當今陝西延安、甘泉、延長、延川、安塞等市縣地和延河、大理河上游流域。元改為延安路，轄境有所擴大。

【七四】汾河，源出今河南商水縣西，東南流經項城縣南，至沈丘縣南入潕河（今泉河），為今泉河上源之一。

【七五】河東，泛指今山西全省。因黄河自北而南流經本區西界，故有河東之稱。

【七六】朔州，元屬大同路，轄境相當今朔州市地。

【七七】武州，遼重熙九年（1040年）置，治所在神武縣（今山西神池），轄境相當今山西神池、五寨、寧武、偏關等縣地。

【七八】管州，元省靜樂縣入州，屬冀寧路，轄境相當今山西靜樂、岢嵐、寧武、婁煩等縣地。

【七九】冀寧路，元大德九年（1305年）改太原路置，屬河東山西道肅政廉訪司，治所在陽曲縣（今山西太原），轄境相當今山西介休市以北、長城以南地區。

【八〇】汾州，元屬冀寧路，治所在隰城縣（今山西汾陽），轄境相當今山西汾陽、孝義、靈石、蒲縣、鄉寧、嵐縣、五寨等縣以西地。

【八一】霍州，元屬晉寧路，治所在霍邑縣（今山西霍州），轄境相當今山西霍州市，靈石、汾西二縣及洪洞縣北部地。

【八二】晉寧路，元大德九年（1305年）改平陽路置，治所在臨汾縣（今山西臨汾），轄境相當今山西石樓、靈石、和順縣以南地區。

【八三】河中府，轄境相當今山西西南部龍門山以南，稷山、芮城縣及運城市以西，陝西大荔縣東南部地。

【八四】潼關，在今陝西潼關縣東北。

【八五】大，原作“太”，據文意改。太［大］華山，即太華山，今陝西華陰市南十里華山。

【八六】不，原作“水”，據《元史·地理志·河源附錄》改。

【八七】番，原作“蕃”，據史實改。

國朝《河南總志》所載河源及流，雖略於古說，然詳于近迹，今亦附錄于後。

黃河源出西蕃星宿海，貫山中，出至西戎，名細黃河。繞昆侖，至積石，經陝西、山西境界，至河中，潼關，流經河南之閿鄉、靈寶、陝、澠池、新安、濟源、孟津、孟翬、溫、氾水、武陟、河陰、原武、榮澤、陽武、中牟、祥符、尉氏、陳留、通許、杞、太康、睢、寧陵、歸德諸州縣，至直隸亳縣[一]馬丘村合馬腸河，城西北合渦河[二]，東至直隸懷遠縣[三]之荊山[四]合淮。其在孟津，西有楊家灘，西北有維家灘、杏園灘、馬糞灘，築護民堤三百十五丈，永安堤^[五]一百二十丈，以防漫流。又有支流，一自祥符縣^[六]西南八角^[七]決（八）[入]^[八]安家河。一股從朱仙鎮^[九]闊店流經尉氏。一股從三里岡、劉岡流經通許^[一〇]北境，俱至扶溝鐵佛寺合流，經西華，會沙河^[一一]、潁河^[一二]入北湖。又經商水、項城之南頓，至直隸壽州^[一三]西，至正陽鎮^[一四]合淮。一自祥符縣白墓子岡決入，流經通許、杞、太康之馬廠集，舊名馬廠河，又經柘城縣鹿邑東北境合渦河，至亳縣北關仍入本河，合淮俱入海。

【校注】

【一】亳縣，明洪武初廢譙縣入亳州，尋降亳州為亳縣，明弘治九年（1496年）復升為亳州，屬鳳陽府，轄境相當今安徽亳州、渦陽、蒙城及河南鹿邑、永城等市縣地。

【二】渦河，即渦水，古狼湯渠支津，今淮水支流渦河。故道自今河南扶溝縣東分狼湯渠（魏晉以後稱蔡水），東流經太康縣北、鹿邑縣南，以下循今渦河至懷遠縣東入淮。元代以後，河南屢南決，奪蔡、渦入淮。

【三】懷遠縣，今安徽懷遠，明屬鳳陽府。

【四】荊山，今安徽懷遠縣西南淮河北岸荊山。《水經·淮水注》："淮出於荊山之左，當塗之右。"

【五】永安堤，今河南孟津縣東北。

【六】祥符縣，明為開封府治，以開封縣省入，治所在今河南開封。

【七】八角，即八角鎮，今河南開封市西南八角店。

【八】入，原作"八"，據文意改。

【九】朱仙鎮，今河南開封市西南。

【一〇】通許，通許縣，明屬開封府，治所即今河南通許。

【一一】沙河，今河南上蔡縣西南。

【一二】潁河，即潁河，出今河南登封市西境，東南流經禹州、臨潁、西華、周口，與沙河合而東流，至西正陽關，入於淮。

【一三】壽州，朱元璋改壽春縣為壽春府，尋復為壽州，後直隸中書省。

【一四】正陽鎮，今安徽潁上縣東南七十里潁河入淮之口。

《治河通考》卷之二

河决考河徙壅附

周定王五年，河徙砱礫【一】。

【校注】

【一】砱礫，石頭。清侯方域《豫省試策四》："河之所以為貢道者，以通淮也。周定王五年徙砱礫，已失其故道矣。"

晋景公十五年，《穀梁傳》曰：梁山崩，壅河，三日不流。晋君召伯尊，伯尊遇輦者，問焉。輦者曰："君親素縞，帥群臣哭之，既而祠焉，斯流矣。"伯尊至，君問之，伯尊如其言而河流。《左傳》曰伯宗【一】。

【校注】

【一】伯宗（？—前576年），春秋時晋國人，大夫。

漢

文帝

十二年冬十二月，河决酸棗，東潰金堤【一】。

【校注】

【一】金堤，指西漢東郡（治濮陽縣，今河南濮陽市西南）、魏都（治鄴縣，今河北臨漳縣西南）、平原郡（治平原縣，今山東平原縣南）界內黃河兩岸石堤。

武帝

建元三年，河水溢于平原[一]。

【校注】

【一】平原，即平原郡，西漢初置，治所在平原縣（今山東平原縣西南張官店），轄境相當今山東平原、陵縣、禹城、齊河、臨邑、商河、惠民、陽信等市縣地。

元光三年春，河水徙，從頓丘[一]東南流。夏，復決濮陽瓠子[二]，注巨野[三]，通淮、泗，汎郡十六。

【校注】

【一】頓丘，即頓丘縣，西漢置，屬東郡，治所在今河南清豐縣西南。

【二】瓠子，今河南濮陽縣西南。《史記·河渠書》：漢元光中，“河決於瓠子”，即此。

【三】巨野，即巨野縣，西漢置，屬山陽郡，治所在今山東巨野縣東北。

元帝

永光五年冬十二月，河決。初，武帝既塞宣房，後河復北決於館陶[一]，分為屯氏河，東北入海，廣深與大河等，故因其自然，不堤塞也。是歲，河決清河靈鳴犢口[二]，而屯氏河絕。

【校注】

【一】館陶，即館陶縣，西漢置，屬魏都，治所即今河北館陶。

【二】靈鳴犢口，在今山東高唐縣南，西漢黄河所經處。

成帝

建始四年夏四月，河決東郡金堤，灌四郡三十二縣，[水][一]居地十五萬頃，壞官亭、廬舍且四萬所。

【校注】

【一】水，原脱，據《漢書·溝洫志》（中華書局 1962 年版）補。

河平三年秋八月，河復決平原，流入濟南、千乘[一]，所壞敗者半建始時，復遣王延世作治，六月乃成。

【校注】

【一】千乘，即千乘郡，漢高帝置，治所在今山東高青縣東南高成鎮北二十五里（今濱州市南千盛遺址），轄境相當今山東博興、高青、濱州等縣市地。

鴻嘉四年秋，渤海、清河[一]、信都河水溢溢，灌縣邑三十一，敗官亭民舍四萬餘所。

【校注】

【一】清河，據《禹貢》，先秦黄河自宿清口（今河南浚縣西南）東行，宿胥口以北河水故道内黄縣以南一段，受黎陽縣諸山泉流匯注，由原來的濁流變成清流，因稱之為清河。《漢書·地理志》魏郡内黄縣："清河水出南。"即此。

新莽三年，河决魏郡[一]，泛清河以東數郡。先是，莽恐河决為元城[二]塚墓害，及决東去，元城不憂水，故遂不堤塞。

【校注】

【一】魏郡，西漢高帝十二年（前195年）置，治所在鄴縣（今河北臨漳縣西南鄴鎮），轄境相當今河北大名、磁縣、涉縣、武安、臨漳、肥鄉、魏縣、丘縣、成安、廣平、館陶，河南滑縣、浚縣、内黄及山東冠縣等地。

【二】元城，即元城縣，西漢置，屬魏郡，治所在沙鹿旁（今河北大名縣東）。

唐
玄宗

開元十年，博州[一]河决。十四年，魏州[二]河溢。十五年，冀州[三]河溢。

【校注】

【一】博州，唐武德四年（621年）復置，治所在聊城縣（今山東聊城市東北二十五里），轄境相當今山東聊城市及高唐、荏平等縣地。

【二】魏州，唐武德中復名魏州，治所在貴鄉縣（今河北大名縣東北大街鄉），轄境相當今河北大名、魏縣，河南南樂、清豐、范縣，河北館陶，山東冠縣、莘縣等市縣地。

【三】冀州，轄境相當今河北中、南部，山東西端及河南北端。

昭宗

乾寧三年夏四月，河漲，將毀滑州[一]，朱全忠[二]決為二河，夾城而東，為害滋甚。

【校注】

【一】滑州，隋開皇十六年（596年）改杞州置，治所在白馬縣（今河南滑縣東南城關鎮），唐乾元元年（758年）復為滑州，轄境相當今河南滑縣、長垣、延津等縣地。

【二】朱全忠，即朱溫（852—912年），小名朱三，五代後梁太祖，宋州碭山（今屬河南）人。

後唐

同光二年秋七月，唐發兵塞決河。先是，梁攻楊劉[一]，決河水以限晉兵。梁所決河連年為曹[二]、濮[三]患，命將軍婁繼英[四]督汴、滑兵塞之，未幾復壞。

【校注】

【一】楊劉，即楊劉城，一作陽劉，今山東東阿縣東北楊柳鄉。

【二】曹，即曹州，唐乾元元年（758年）復置，治所在濟陰縣（今山東曹縣西北），轄境相當今山東菏澤市即定陶、成武、東明和河南民權等縣地。

【三】濮，即濮州，隋開皇十六年（596年）改濮陽郡置，治所在鄄城縣（今山東鄄城縣北舊城鎮）。唐乾元初復為濮州。

【四】婁繼英，五代時人，歷仕後梁、後唐，為絳、冀二州刺史、耀州團練使，後為杜重威所殺。

晉[一]

天福二年，河決鄆州。四年，河決博州。六年，河決滑州。

開運三年秋七月，河決楊劉，西入華縣[二]，廣四十里，自朝城[三]北流。

【校注】

【一】晉，指後晉。

【二】華縣，西漢置，屬泰山郡，治所在今山東費縣東北。

【三】朝城，即朝城縣，唐開元七年（719年）改武聖縣置，治所在今山東莘縣西南朝城鎮。

後漢

乾祐元年五月，河決魚池[一]。三年六月，河決鄭州[二]。

【校注】

【一】魚池，即魚池口，今河南滑縣東北魚池。

【二】鄭州，隋開皇三年（583年）改滎州置，治所在成皋縣（今河南滎陽市西北氾水鎮），唐貞觀七年（633年）還治管城縣，轄境相當今河南鄭州、滎陽、新鄭三市及中牟、原陽等縣地。

周[一]

廣順二年十二月，河決鄭州、滑州，周遣使修塞。周主以決河為憂，王浚請自行視，許之。周塞決河。三月，澶州[二]言：天福十一年，黃河自觀城縣[三]界楚里村堤決，東北經臨黃[四]、觀城兩縣，隔絕鄉村人户。今觀城在河北，隔三村在河南；今臨黃在河南，隔八村在河北。官吏節級徵督賦租，取路於州橋[五]，迂曲僅數百里，每事多違程限。其兩縣所隔村鄉，擬迴（換）[六]管係，所冀便於徵督。（候）[修][七]堙[補][八]堤岸，河流復故，兩縣仍舊收管。從之。

【校注】

【一】周，指後周。

【二】澶州，唐武德四年（621 年）改澶淵縣置，治所在澶水縣（今河南濮陽縣西），轄境相當今河南清豐及濮陽縣東北、范縣西北各一部分地。

【三】觀城縣，隋開皇六年（586 年）改衛國縣置，治所在今河南清豐縣東南。

【四】臨黃，即臨黃縣，北魏初置，治所在今河南范縣東南臨黃集。

【五】州橋，唐建，今河南開封。

【六】換，原脫，據《册府元龜》卷四百九十七（中華書局 1960 年版）補。

【七】修，原作“候”，據《册府元龜》卷四百九十七改。

【八】補，原脫，據《册府元龜》卷四百九十七補。

宋

太祖

乾德二年，赤河決東平[一]之竹村，七州之地復罹水災。三年秋，大雨霖開封府，河決陽武。又孟州[二]水漲，壞中灘橋梁，澶、鄆亦言河決。

【校注】

【一】東平，隋大業初改鄆州置，治所在鄆城縣（今山東鄆城東），轄境相當今山東鄆城、巨野、鄆城等縣地。

【二】孟州，唐會昌三年（843 年）置，治所在河陽縣（今河南孟縣南），轄境相當今河南孟縣、溫縣、濟源等縣市及滎陽市部分地。

四年八月，滑州河決，壞靈河縣【一】大堤。

【校注】

【一】靈河縣，五代後唐同光元年（923 年）改靈昌縣置，屬滑州，治所在今河南滑縣西南。

開寶四年十一月，河決澶淵【一】，泛數州。官守不時上言，通判【二】、司封郎中【三】姚恕棄市，知州【四】杜審肇【五】坐免。

【校注】

【一】澶淵，一名繁淵，今河南濮陽縣西。

【二】通判，職官名，通判州事的省稱。宋置，初與知州不相屬，實含有監督之意，後漸成為知州的副貳官。宋制，諸州通判各置一人，若西京、南京、天雄、成德、江寧等重要府州，則置二員。以京朝官充，凡公文上下，均與知州連署，故稱通判。

【三】司封郎中，職官名，吏部屬官。宋沿唐制，掌官吏封爵，為從五品上官。

【四】知州，職官名，地方州的長官。知州之名，始於宋代，宋太祖革五代政制的弊病，分命朝臣出守列郡，號權知軍州事，軍謂兵，州謂民政。

【五】杜審肇（903—974 年），宋定州安喜（今屬河北）人，卒諡溫肅。

太宗

太平興國二年秋七月，河決孟州之溫縣、鄭州之滎澤、澶州之頓丘。

七年，河大漲，蹙清河，凌鄆州，城將陷，塞其門，急奏以聞。詔殿前承旨劉吉[一]弛往固之。

【校注】

【一】劉吉，宋江南人，以熟知河渠事務任八作務，太宗太平興國中治河決有績，人目為劉跋河。

八年五月，河大決滑州韓村，泛澶、濮、曹、濟諸州民田，壞居人廬舍，東南流至彭城[一]界入于淮。

【校注】

【一】彭城，即彭城縣，治所即今江蘇徐州。

九年春，滑州復言房村河決。

淳化四年十月，河決澶州，陷北城，壞廬舍七千餘區。

真宗

咸平三年五月，河決鄆州王陵埽，浮巨野，入淮、泗，水勢悍激，侵迫州城。

景德元年九月，澶州言河決橫壠埽。

四年，又壞八埽，並（許）[一]詔發兵夫完治之。

大中祥符三年十月，判河中府[二]陳堯叟[三]言：“白浮圖村[四]河水決溢，為南風激還故道。”明年，遣使滑州，經度兩岸，開減水河[五]。九月，棣州[六]河決聶家口[七]。

【校注】

【一】許，衍字。據《宋史》卷九十一《河渠志》刪。

【二】判河中府，職官名，判府，宋制，凡宰相、三公、三少、宗室封王出鎮州、府，稱為判某某州、府，又宋士大夫間書信往來，對知州、知縣亦稱判府、判縣。

【三】陳堯叟（961—1017年），字唐夫，宋閬州閬中（今屬四川）人，卒謚文忠，著有《請盟録》。

【四】白浮圖村，今北京市昌平區西。

【五】減水河，今河北滄縣南。

【六】棣州，北宋大中祥符八年（1015年）移治八方寺，今山東惠民縣。

【七】矗家口，今山東惠民縣南。

五年正月，本州請徙城，帝曰："城去決河尚十數里，居民重遷。"命使完塞。既成，又決于州東南李氏灣，環城數十里民舍多壞，又請徙商河。役興踰年，雖捍護完築，裁免決溢，而湍流益暴，壖地益削，河勢高民屋殆踰丈矣，民苦久役，而終憂水患。

六年，乃詔徙于陽信之八方寺【一】。

【校注】

【一】八方寺，即今山東惠民縣治。

七年，詔罷茸遥堤，以養民力。八月，河決澶州大吳埽。

天禧三年六月乙未夜，滑州河溢城西北天臺山【一】旁，俄復潰于城西南，岸摧七百步，漫溢州城，歷澶、濮、曹、鄆，注梁山泊【二】，又合清水、古汴渠【三】，東入于淮，州邑罹患者三十二。

【校注】

【一】天臺山，在今河南滑縣東南。

【二】梁山泊，亦作梁山濼，今山東梁山、鄆城、巨野等縣間。

【三】汴渠，又名汴河、汴水，即自今河南滎陽市北引黃河水，東經開封，南經通許至淮陽縣東南入潁水，南流入淮水。宋人稱通濟渠為汴河，故有時稱這一段汴水為古汴河。

仁宗

天聖六年（六）[八]【一】月，河決澶州之王楚埽，凡三十步。

【校注】

【一】八，原作"六"，據《宋史·河渠志》（中華書局 1985 年版）改。

明道二年，徙大名之朝城縣【一】于（社）[杜]【二】婆村，廢鄆州之王橋渡、淄州【三】之臨河鎮【四】以避水。

【校注】

【一】朝城縣，唐開元七年（719 年）改武聖縣置，北宋屬開德府，治所在今山東莘縣西南朝城鎮。

【二】杜，原作"社"，據《宋史·河渠志》改。

【三】淄州，隋開皇十六年（596 年）置，轄境相當今山東淄博、高青、鄒平、桓臺等市縣地。

【四】臨河鎮，北宋置，今山東鄒平縣西北，臨小清河。

景祐元年七月，河決澶州橫壠埽。

慶曆八年六月癸酉，河決商胡埽[一]，決口廣五百五十七步。

【校注】

【一】商胡埽，古地名，今河南濮陽市東昌湖集。

皇祐元年三月，河合永濟渠[一]注乾寧軍[二]。

【校注】

【一】永濟渠，今河北霸州市東。

【二】乾寧軍，乾寧中置，以年號為名，治所在今河北青縣。

二年七月辛酉，河復決大名府[一]館陶縣之郭固。

【校注】

【一】大名府，五代後漢乾祐元年（948年）改廣晋府置，治所在元城、大名二縣（今河北大名縣東北大街鄉），轄境相當今河北大名、魏縣、成安、廣平、威縣、臨西、館陶和山東臨清、夏津、冠縣、莘縣及河南內黃等市縣地。

四年正月乙亥，塞郭固而河勢猶壅，議者請開六塔[一]以披其勢。

【校注】

【一】六塔，即六塔河，今河南清豐縣東南。

嘉祐元年夏四月壬子朔，塞商胡北流，入六塔河，不能容，是夕復決，溺兵夫、漂芻藁不可勝計。令三司鹽鐵判官[一]沈立[二]往行視，而修河官皆謫竄。

【校注】

【一】三司鹽鐵判官，職官名，五代後唐同光二年（924年）始以鹽鐵、度支、户部合稱三司，宋初以天下財計歸三司，鹽鐵使司爲三司所屬機構之一，主管國家山澤之貨、關市、河渠、軍器，以資國用，下分爲七案，即兵案、胄案、商税案、都鹽案、茶案、鐵案、設案，凡商税、鹽、茶、鼓鑄等項收入，修護河渠，給造軍器以及軍將兵卒的名籍月賬，本司及諸州胥吏的功過遷補等皆掌之。

【二】沈立（1007—1078年），字立之，宋和州歷陽（今安徽和縣）人，著有《河防通議》《茶法要覽》《鹽筴總類》等。

神宗

熙寧元年六月，河溢恩州[一]烏攔堤，又決冀州棗强埽[二]，北注瀛[三]。七月，又溢瀛州樂壽[四]埽。

【校注】

【一】恩州，北宋慶曆八年（1048年）改貝州置，治所在清河縣（今河北清河），轄境相當今河北清河、山東武城地。

【二】棗强埽，今河北棗强縣。

【三】瀛，即瀛州，轄境相當今河北保定市、博野縣以東，肅寧、泊頭、滄州、鹽山等縣市以北，大清河以南地區。

【四】樂壽，即樂壽縣，屬瀛州，治所在今河北獻縣西南。

四年七月辛卯，北京【一】新堤第四、第五埽決，漂溺館陶、永濟、清陽以北。八月，河溢澶州曹村【二】。十月，溢衛州【三】王供。時新堤凡六埽，而決者二，下屬恩、冀，貫御河，奔衝為一。

【校注】

【一】北京，北宋慶曆二年（1042 年），仁宗把真宗親征時曾駐蹕的大名府建為北京，在今河北大名縣東北大街鄉（舊府城）。

【二】曹村，今河南滑縣東北。

【三】衛州，北周宣政元年（578 年）置，治所在汲郡（今河南浚縣西南淇門渡），轄境相當今河南新鄉、衛輝、輝縣、浚縣、淇縣、滑縣、新鄉等市縣地。

十年五月，滎澤【一】河決，急詔判都水監【二】俞光往治之。是歲七月，河復溢衛州王供及汲縣【三】上下埽、懷州【四】黃沁、滑州韓村。乙丑【五】，遂大決於澶州曹村，澶淵北流斷絕，河道南徙，東匯于梁山、張澤濼，分為二派，一合南清河入于淮，一合北清河入于海，凡灌縣四十五，而濮、濟、鄆、徐尤甚，壞田逾三十萬頃。

丘公【六】《大學衍義補》曰：此黃河入淮之始。然此時其支流由汴入泗，至清河口【七】入淮者耳。

【校注】

【一】滎澤，即滎澤縣，北宋熙寧五年（1072 年）省入管城縣，治所在今河南鄭州市西北古滎鎮北五里。

【二】判都水監，職官名，都水監為掌全國河渠水利的機構。其長官稱都水使者或都水監，置二人，秩正五品上；丞二人，從七品上，掌判監事。

其職掌有關河渠堰陂的政令，領河渠署及諸津令、丞。

【三】汲縣，隋開皇六年（586年）改伍城縣置，治所在今河南衛輝。

【四】懷州，唐乾元元年（758年）復為懷州，轄境相當今河南焦作、沁陽、武陟、獲嘉、修武、博愛等市縣地。

【五】乙丑，《宋史·河渠志》作“己丑”。

【六】丘公，即丘濬（1418—1498年），字仲深，號瓊臺，明瓊州瓊山（今屬海南）人，謚文莊，著有《大學衍義補》《五倫全備忠孝記》《投筆記》《瓊臺集》等。

【七】清河口，今江蘇淮陰縣西南。

八月，又決鄭州滎澤。

元豐元年四月丙寅，決口塞，詔改曹村埽[一]曰靈平。五月甲戌，新堤（城）[成][二]，閉口斷流，河復歸北。

【校注】

【一】曹村埽，今河南滑縣東北曹村。

【二】成，原作“城”，據文意改。

三年七月，澶州孫村[一]、陳埽及大吳、小吳埽決。

【校注】

【一】孫村，今河南清豐縣東南孫固。

四年四月，小吳埽復大決，自澶州注入御河，恩州危甚。

五年六月，河溢北京內黃埽。七月，決大吳埽堤，以紓靈平下埽[一]危急。八月，河决鄭州原武埽，溢入利津^{【二】}、陽武溝、刀馬河，歸納梁山濼。

【校注】

【一】靈平下埽，今河南滑縣東北曹村。

【二】利津，今山東利津。

七年七月，河溢元城埽，決横堤，破（北京）^{【一】}。

八年三月，哲宗即位，宣仁聖烈皇后^{【二】}垂簾。河流雖北，而孫村低下，夏、秋霖雨，漲水往往東出。小吳之決既未塞，十月，又決大名之小張口，河北諸郡被水灾。

【校注】

【一】原文缺"北京"二字，据《宋史·河渠志》補。

【二】宣仁聖烈皇后，即高皇后（1032—1093 年），宋英宗皇后，亳州蒙城（今屬安徽）人，卒謚宣仁聖烈。

元符三年四月，河决蘇村^{【一】}。

【校注】

【一】蘇村，今河南開封市東南。

徽宗

大觀二^{【一】}年丙申，邢州^{【二】}言河決，陷鉅鹿縣^{【三】}。詔遷縣於高地。庚寅，冀州河溢，壞信都^{【四】}、南宮^{【五】}兩縣。

【校注】

【一】二，原作"元"，據《宋史·河渠志》改。

【二】邢州，隋開皇十六年（596年）置，治所在龍岡縣（今河北邢臺）。

【三】鉅鹿縣，隋大業初改南繼縣置，北宋屬信德府，治所在今河北鉅鹿縣北夏舊城。

【四】信都，西漢置，治所在今河北冀州。

【五】南宮，即南宮縣，西漢置，治所在今河北南宮市西北三里舊城。北宋皇祐四年（1052年）廢入新和縣，六年（1054年）復置。

六年四月辛卯，高陽關路【一】安撫使【二】吳玠【三】言冀州棗强縣黃河清，詔許稱賀。七月戊午，太師【四】蔡京【五】請名三山橋銘閣曰續禹繼文之閣，門曰銘功之門。十月辛卯，蔡京等言："冀州河清，乞拜表稱賀。"

【校注】

【一】高陽關路，今河北高陽縣東二十五里舊城鎮。北宋慶曆八年（1048）於此置高陽關路安撫使，統瀛、漠、雄、貝、冀、滄、承、靜、保定、乾寧十州軍，為控扼要地。

【二】安撫使，職官名，北宋末至南宋，普遍設置，多以侍從之臣出任，總轄軍民，處理路一級地區的軍民事務。二品以上大臣充任時則稱安撫大使；官品低者稱管勾或主管某路安撫司公事。

【三】吳玠（1093—1139年），字晉卿，宋順德軍隴幹（今屬甘肅）人，卒謚武安。

【四】太師，職官名，西周始置，為三公之一，職掌教養監護太子或幼主，是輔弼國君的執政大臣。

【五】蔡京（1047—1126年），字元長，宋興化軍仙游（今屬福建）人。

宣和元年九月辛未，蔡京等言：“南丞管下三十五埽，今歲漲水之後，岸下一例生灘，河行中道。實由聖德昭格，神（祇）[祇]【一】順助。望宣付史館【二】。”詔送秘書省【三】。

【校注】

【一】祇，原作“祇”，據文意改。

【二】史館，官修史書機構。以宰相主管其事，稱監修國史，宋初，史館與昭文館、集賢館、秘閣並稱三館一閣，合為崇文院，以收藏、整理圖籍為職，並掌修日曆。神宗元豐以後，史館并入秘書省國史案。南宋高宗時一度復置，曾作為專修日曆之機構，後復罷除。

【三】秘書省，掌經籍圖書校閱的官吏機構。

二年九月己卯，王黼【一】言：“昨孟昌齡計議河事，至滑州韓村埽檢視，河流衝至寸金潭，其勢就下，未易禦遏。近降詔旨，令就畫定港灣，對開直河。方議開鑿，忽自成直河一道，寸金潭下，水即安流，在役之人，聚首仰嘆。乞付史館，仍帥百官表賀。”從之。

【校注】

【一】王黼（1079—1126 年），初名甫，字將明，宋開封祥符（今屬開封）人。

三年六月，河溢冀州信都。十一月，河決清河【一】埽。是歲，水壞天成聖功橋，官吏刑罰有差。

【校注】

【一】清河，指清河縣，北宋端拱元年（988年）移治永寧鎮，北宋淳化五年（994年）復還治今清河縣西城關鄉。

元

世祖

至元九年七月，衛輝路[一]新鄉縣[二]廣盈倉南河北岸決五十餘步。八月，又崩一百八十三步，其勢未已，去倉止三十步。

【校注】

【一】衛輝路，蒙古中統二年（1261年）改衛州置，治所在汲縣（今河南衛輝），轄境相當今河南新鄉、衛輝、輝縣、淇縣、獲嘉等市縣地。

【二】新鄉縣，隋開皇六年（586年）析汲縣、獲嘉二縣置，元屬衛輝路，治所在新樂城（今河南新鄉）。

二十三年，河決，衝突河南郡縣凡十五處，役民二十餘萬塞之。

二十五年，汴梁路[一]陽武縣[二]諸處河決二十二所，漂蕩麥禾房舍，委宣慰司[三]督本路差夫修治。

【校注】

【一】汴梁路，元至元二十五年（1288年）改南京路置，治所在祥符、開封二縣（今河南開封），轄境相當今河南原陽、延津以南，偃城、項城以北，民權、沈丘以西，禹州、滎陽二市及襄城縣以東地。

【二】陽武縣，秦置，元屬汴梁路，治所在今河南原陽縣。

【三】宣慰司，宣慰使司的簡稱，元代始置，在中書行省與路、府、州之間起承轉上下的作用，置於邊境及少數民族地區的，常兼都元帥府、管軍萬戶府等軍事機構。《元史·百官志七》："宣慰司，掌軍民之務，分道以總郡縣。行省有政令則布於下，郡縣有請則為達於省。有邊陲軍旅之事，則兼都元帥府，其次則止為元帥府。其在遠服，又有招討、安撫、宣撫等使。"

成宗

大德元年秋七月，河決杞縣[一]蒲口，塞之。明年，蒲口復決。塞河之役，無歲無之。是後水北入復河故道。二年秋七月，大雨，河決，漂歸德[二]屬縣田廬禾稼。

【校注】

【一】杞縣，元初河決，治所徙治今河南杞縣北二里，屬汴梁路。

【二】歸德，即歸德府。金天會八年（1130年）置，元屬河南行省，治所在睢陽縣（今河南商丘）。

三年五月，河南省言河決蒲口兒等處，侵歸德府數郡，百姓被災。

武宗

至大二年秋七月，河決歸德，又決封丘[一]。

【校注】

【一】封丘，即封丘縣，元屬汴梁路，治所在今河南封丘。

仁宗

延祐七年七月，汴城路言："滎澤縣六月十一日河決塔海莊東堤十步餘，橫堤兩重，又決數處。二十三日夜，開封縣[一]蘇村及七里寺復決二處。”

【校注】

【一】開封縣，元為汴梁路治，治所在今河南開封。

泰定帝

泰定二年五月，河溢汴梁[一]。

【校注】

【一】汴梁，今河南開封市的舊稱，元置汴梁路治此。

三年，河決陽武，漂民居萬六千五百餘家，尋復壞汴梁樂利堤，發丁夫六萬四千人築之。

文宗

至順元年六月，曹州[一]濟陰縣[二]河防官言：“六月五日，魏家道口黃河舊堤將決，不可修築，募民修護水月堤，復於近北築月堤，未竟，至二十一日，水忽泛溢，新舊三堤一時咸決，明日外堤復壞，有蛇時出沒於中，所下椿土，一掃無遺。”

【校注】

【一】曹州，治所在古乘氏縣（今山東菏澤）。

【二】濟陰縣，金大定八年（1168 年）城為河水淹没，遷治古乘氏縣（今山東菏澤），為曹州治。

順帝

至正四年夏五月，大雨二十餘日，黃河暴溢，水平地深二丈許，北決白茅堤【一】。六月，又北決金堤，並河郡邑濟寧【二】、軍州、虞城【三】、碭山【四】、金鄉【五】、魚臺【六】、豐【七】、沛【八】、定陶【九】、楚丘【一〇】、武城【一一】，以至曹州、東明【一二】、巨野、鄆城、嘉祥【一三】、汶上【一四】、任城【一五】等處，皆罹水患，民老弱昏墊，壯者流離四方。水勢北侵安山，沿入會通運河【一六】，延袤濟南、河間，將壞兩漕司鹽場。

【校注】

【一】白茅堤，今山東曹縣西白茅集一帶。

【二】濟寧，元至元十六年（1279 年）升濟寧府為濟寧路，屬中書省，轄境包括今山東泗水縣以西，肥城市以南，鄆城、巨野縣以東，河南虞城縣和安徽碭山縣以北。

【三】虞城，即虞城縣，蒙古至元三年（1266 年）復置，屬濟寧路，治所在今河南虞城縣北、利民鎮西南三里。

【四】碭山，即碭山縣，元屬濟寧路，至元中復還舊治，今安徽碭山縣東。

【五】金鄉，即金鄉縣，元屬濟寧路，治所在今山東金鄉。

【六】魚臺，即魚臺縣，元屬濟州，至元二年（1265 年）并入金鄉，三年（1266 年）復置，治所在今山東魚臺縣西舊城集。

【七】豐，即豐縣，元至元八年（1271 年）屬濟寧路，治所在今江蘇豐縣。

【八】沛，即沛縣，蒙古至元三年（1266 年）復置，屬濟州，治所在今江蘇沛縣。

【九】定陶，即定陶縣，治所在今山東定陶縣西北四里。

【一〇】楚丘，即楚丘縣，元屬曹州，治所在今山東曹縣東南五十里楚天集。

【一一】武城，即武城縣，元屬高唐州，治所在今山東武城縣西南。

【一二】東明，即東明縣，元屬開州，治所在今山東東明縣南三十里東明集鎮。

【一三】嘉祥，即嘉祥縣，治所在今山東嘉祥。

【一四】汶上，金泰和八年（1208年）改汶陽縣置，元屬東平路，治所在今山東汶上。

【一五】任城，元為濟寧路治，治所在今山東濟寧市南。

【一六】會通運河，今山東運河。

五年，河決濟陰，漂官民廬舍殆盡。

六年，是歲河決。

二十六年春二月，黃河北徙。先是河決小疏口，達于清河，壞民居，傷禾稼。至是復北徙，自東明、曹、濮，下及濟寧，民皆被害。

國朝

洪武二十四年，河決原武之黑陽山【一】，東經開封城北五里，又南行至項城【二】，經潁州【三】、潁上，東至壽州正陽鎮【四】，全入于淮，而故道遂淤。

【校注】

【一】黑陽山，今河南原陽縣西。

【二】項城，即項城縣，今河南項城，明宣德三年（1428年）移治殄寇鎮（今山東項城）。

【三】潁州，明屬鳳陽府，治所在汝陰縣（今安徽阜陽），轄境相當今安徽阜陽、阜南、潁上、太和、鳳臺、界首、臨泉等市縣地。

【四】正陽鎮，亦名東正陽，今安徽壽縣西南正陽鎮。

永樂九年，復疏入故道。

正統十三年，又決滎陽，東過開封城之西南，自是汴城在河之北矣。又東南經陳留[一]，自亳入渦口，又經蒙城至懷遠[二]東北而入淮焉。

【校注】

【一】陳留縣。秦置，屬碭郡。治所在今河南開封縣東南二十六里陳留鎮。西漢為陳留郡治。西晋廢。隋開皇六年（586年）復置，屬汴州。大業初屬梁州。唐屬汴州。北宋屬開封府。金以此為汴京，貞元初改為南京。元屬汴梁路。明、清屬開封府。民國初屬河南開封道。1927年直屬河南省。1957年并入開封縣。

【二】懷遠，即懷遠縣，元至元二十八年（1291年）改懷遠軍置，明屬鳳陽府，治所在今安徽懷遠。

天順六年，河溢，決開封城北門，淹毀官民軍舍。

弘治二年，河徙汴城東北，過沁水，溢流為二：一自祥符于家莊，經蘭陽[一]、歸德，至徐[二]、邳[三]入于淮；一自荊隆口黃陵岡，經曹、濮達張秋[四]，所至壞民田廬。

【校注】

【一】蘭陽，即蘭陽縣，明洪武元年（1368年）徙治所於馬邨（今河南蘭考），屬開封府。

【二】徐，即徐州，明洪武初復名，屬鳳陽府，十四年（1381年）直隸南京，治所在今江蘇徐州。

【三】邳，即邳州，明洪武初省下邳縣（今睢寧縣西北古邳鎮）入州，後屬淮安府。

【四】張秋，即張秋鎮，今山東陽穀縣東南張秋鎮。

六年夏，雨漲，遂決張秋東岸，并汶水[一]奔注于海，運道淤涸。

【校注】

【一】汶水，即今大汶河。《尚書·禹貢·青州》："浮於汶，達於河。"即此。源出山東萊蕪市北，西南流經古嬴縣南，古稱嬴汶，又西南會牟汶、北汶、石汶、柴汶，至今山東東平縣戴村壩。自此以下，古汶水西流經東平縣南，至梁山東南入濟水；明初築戴村壩，遏汶水南出南旺湖濟運，西流故道遂微。

正德四年九月，河決曹縣[一]楊家口，長四百五十丈，水深三丈，奔流曹、單[二]二縣，達古迹王子河，直抵豐、沛，舟楫通行，遂成大河。

【校注】

【一】曹縣，明洪武四年（1371 年）改曹州置，屬濟寧府，治所在今山東曹縣，洪武十八年（1385 年）改屬兗州府，正統十年（1445 年）屬曹州，仍隸兗州府。

【二】單，即單縣，明洪武二年（1369 年）降單州置，屬濟寧府，治所在今山東單縣南一里。十八年（1385 年）改屬兗州府，嘉靖二年（1523 年）以河患徙今治。

五年二月，起工修治，至五月中，雨漲，埽臺衝蕩，不克完合。

八年七月，河決曹縣以西娘娘廟[一]口、孫家口二處，從曹縣城北東行，而曹、單居民被害益甚。本年四月二十四日，驟雨，漲，娘娘廟口以北五里焦家口衝決，曹、單以北，城武以南，居民田廬盡被漂没。

【校注】

【一】娘娘廟，即娘娘廟鎮，今安徽和縣西南娘娘廟鄉。

附録

黄河故道

古自陽武北、新鄉西南入境，東北經延津、汲、胙城[一]，至北直隸濬縣大伾山北入海，即《禹貢》"導河東過洛汭，至於大伾處"，（地志）[《地志》][二]"魏郡鄴縣[三]有故大河，在東北直達于海"，疑即禹之故河也。周定王五年，河徙，則非禹之所穿。漢文帝十二年，河決酸棗東南，流經封丘，入北直隸長垣縣[四]，至山東東昌府[五]濮州張秋入海。五代至宋，兩決鄭州及原武東南、陽武南，流經封丘于家店、祥符金龍口[六]、陳橋[七]，北經蘭陽、儀封[八]，入山東曹縣境，分為二派，其一東南流至徐州入泗，其一東北流，合會通河。

【校注】

【一】胙城，即胙城縣，治所在今延津縣北胙城。

【二】地志，原作"地至"，《漢書·地理志》載"魏郡鄴縣有故大河"。

【三】鄴縣，戰國魏置，秦屬邯鄲郡，治所在今河北臨漳縣西南鄴鎮。西漢為魏郡治，東漢末相繼為冀州、相州治。

【四】長垣縣，明洪武二年（1369 年）徙治蒲城（今河南長垣）。

【五】東昌府，明洪武中改東昌路治，屬山東布政司，治所在聊城縣（今山東聊城）。

【六】金龍口，一名荆隆口，今河南封丘縣西南。

【七】陳橋，即陳橋驛，一名陳橋鎮，今河南封丘縣東南陳橋鄉。

【八】儀封，即儀封縣，明洪武二十二年（1389 年）徙治於白樓村（今蘭考縣東儀封鄉），屬開封府。

國朝洪武七年至十八年、二十四年，陽武、原武、祥符凡四度淹没護城堤，又決陽武西南，東南流經封丘陡門【一】、祥符東南草店村、經府城北五里，東過焦橋【二】，南過蘇村，至通許西南分九道，名九龍口。又南至扶溝、太康、陳、項城諸州縣境，入南直隷太和縣【三】合淮。正統十三年，河溢，仍循陽武故道直抵張秋入海，今皆淤平地。其自滎陽縣築堤，至千乘海口千餘里，名金堤；自河內北至黎陽為石堤，激使東抵東郡【四】為平剛，西北抵黎陽觀下，東北抵東郡津北，西北至魏郡昭陽【五】。又自汲縣築堤，東接阼城，抵直隷滑縣【六】界，西接新鄉獲嘉縣【七】界，東南接延津縣界，名護河堤。在滎陽縣東南二十里中牟縣東北境，名官渡，即曹操與袁紹分兵相拒處，築城築臺，皆名官渡。在汲縣東南境，名延津，置關亦名延津，又置關名金堤。在新鄉南境有八柳渡，皆因河徙而廢。

【校注】

【一】陡門，亦作斗門，今江蘇無錫市西北陡門橋。

【二】焦橋，今山東鄒平縣焦橋鎮。

【三】太和縣，元大德八年（1304 年）改泰和縣置，屬潁州，治所在今安徽太和。

【四】東郡，戰國秦置，治所在濮陽縣（今河南濮陽縣西南故縣村），北魏移治滑臺城（今河南滑縣東南城關鎮）。

【五】昭陽，今河南浚縣東北。

【六】滑州，明洪武二年（1369年）省州治白馬縣入州，七年（1374年）降為滑縣，治所在今河南滑縣東南城關鎮。

【七】獲嘉縣，隋開皇初改南修武縣置，明屬衛輝府，治所在今河南獲嘉。

國朝于祥符置河清巡檢司[一]，清河、大梁、陳橋三驛，陳橋遞運所[二]。封丘縣置中灤巡檢司，中灤、新莊[三]二驛。儀封縣置大岡驛、大岡遞運所。通許縣置雙溝驛。太康縣置義安驛[四]、長嶺遞運所。扶溝縣置崔橋[五]驛。陳州置宛丘[六]驛、淮陽遞運所。項城縣置武丘[七]驛。皆因河徙而革。

【校注】

【一】巡檢司，地方巡警機構，掌統轄訓練地方甲兵、巡邏周邑、擒捕盜賊等事，維護地方治安，負責江河邊防。

【二】遞運所，明代設置掌運遞糧物的機構。

【三】新莊，今天津市武清區西北。

【四】義安驛，今河南太康縣南。

【五】崔橋，今河南扶溝縣東北崔橋鄉。

【六】宛丘，今河南省周口市淮陽區東南。

【七】武丘，即丘頭，今河南沈丘縣潁水北岸。

黃陵岡[一]口塞於弘治乙卯，築三巨埧而防護之，逼水南行，運道無虞矣。正德癸酉，巨浪橫奔，頭埧、二埧俱打在河南，止存三埧。暴水涌衝，埧去十分之八。總理副都御史[二]保定劉公[三]齋沐致祭，退百二十步。事聞朝廷，天子遣劉公諭祭謝焉。今正德丙子又北侵，水至大堤，欽差總理河道工部右侍郎^{【四】}兼都察院左僉都御史^{【五】}安福趙公同漳於季春沐浴齋戒，以祭河神。季夏水發，漳又潔己而祭，遂遠退八里。曹、濮等處兵備兼理河道新安吳漳^{【六】}書。

【校注】

【一】黃陵岡，又作黃陵渡，今河南蘭考東北，與山東曹縣相近。

【二】副都御史，職官名，明代以都察院當前代之御史臺，副都御史當前代御史中丞，外任總督、巡撫時，仍帶原銜。

【三】劉公，即劉吉（1427—1493年），字祐之，號約庵，明保定府博野（今屬河北）人，卒諡文穆。

【四】總理河道工部右侍郎，職官名，明代常以都御史、工部尚書、侍郎督治河道、總理河槽，但皆非專設之官。總河之設始於明成化七年（1471年）王恕以工部侍郎總理河道，明萬曆十六年（1588年）潘季馴以右都御史總督河道。

【五】督察院左僉都御史，職官名，明都察院下設都御史、副都御史、僉都御史。

【六】吳漳，字清甫，明直隸徽州府歙縣（今屬安徽）人。

王氏炎曰：“周定五年河徙，已非禹之故道。漢元光三年，河徙東郡，更注渤海，繼決于瓠子，又決于魏之館陶，遂分為屯氏河。大河在西，屯河在東，二河相並而行。元帝永光中，又決于清河靈鳴犢口，則河水分流，入于博州，屯河遂壅塞不通。後二年，又決於平原，則東入濟、入青，以達于海，而下流與漯為一。王莽時河遂行漯川，大河不行於大伾之北，而遂行於相魏之南，則山澤在河之瀕者，支川與河之相貫者，悉皆易位，而與《禹貢》不合矣。”

　　方氏曰："建紹後，黄河決入巨野，溢于泗，以入于淮者，謂之南清河。由汶合濟，至滄州以入海者，謂之北清河。是時，淮僅受河之半。金之亡也，河自開封北衛州決而入渦河以入淮。一淮水獨受大黄河之全，以輸之海。濟水之絶于王莽時者，今其原出河北温縣，猶經枯黄河中以入汶，而後趨海。清濟貫濁河遂成虚論矣。"

　　新安陳氏曰："方氏得於身經目睹，與諸家據紙上而説者不同。合程王説而參觀之，可見古今河道之大不同。又因方説而後濟水之入河，復溢出於河者，顯然可見矣。"

《治河通考》卷之三

議河治河考

陶唐氏[一]

【校注】

【一】陶唐氏，即堯，名放勳，初居於陶，後遷居唐，故稱陶唐氏。

導河積石，至于龍門，南至于華陰，東至于底柱，又東至于孟津，東過洛汭，至于大伾；北過洚水，至于大陸；又北，播為九河，同為逆河，入于海。

禹抑鴻水十三年，過家不入門。陸行載車，水行載舟，泥行蹈毳，山行即橋。以別九州，隨山浚川，任土作貢。通九道，陂九澤，度九山。然河菑衍溢，[害][一]中國也尤甚。唯是為務。故導河自積石歷龍門，南到華陰，東下底柱，及孟津、洛汭，至於大伾。於是禹以為河所從來者高，水湍悍，難以[行][二]平地，數為敗，乃厮二渠以引其河。北載之高地，過洚水，至於大陸，播為九河，同為逆河，入於渤海。九（州）[川][三]既疏，九澤既灑，諸夏乂安，功施於三代。

【校注】

【一】害，原脱，據《史記·河渠書》（中華書局 1982 年版）補。

【二】行，原脱，據《史記·河渠書》補。

【三】川，原作"州"，據《史記》卷二十九改。

漢

文帝

十二年冬十一月，河決酸棗，東潰金堤，興卒塞之。

武帝

元光三年春，河決濮陽瓠子。天子使汲黯【一】、鄭當時【二】發卒十萬塞之，輒復壞。是時分田蚡【三】奉邑食鄃，居河北，河決而南，則鄃無水災，邑多收。蚡言於上曰："江河之決皆天事，未易以人力强塞。"望氣者亦以為然，於是久不塞。

【校注】

【一】汲黯（？—前 112 年），字長孺，西漢濮陽（今河南濮陽）人。

【二】鄭當時，字莊，西漢淮陽陳（今河南淮陽）人。

【三】田蚡（？—前 131 年），西漢内史長陵（今陝西咸陽）人。

元封二年夏，帝臨塞決河，築宣防宫。初，河決瓠子，二十餘歲不塞，梁、楚尤被其害，是歲，發卒數萬人塞之。帝自封禪太山【一】還，自臨決河，沉白馬、玉璧，令群臣負薪，卒填決河。築宫其上，名曰宣防。導河北二渠，復禹舊迹。時武帝方事匈奴，興功利。齊人延年【二】上書言："河出昆侖，經中國，注渤海，是地勢西北高而東南下也。可案圖書，觀地形，令水工準高下，開大河上領，出之胡中，東注之海。如此，關東長無水災，北邊不憂匈奴，可以省堤防備塞、士卒轉輸、胡寇侵盜、覆軍殺將，暴骨原野之患。此功一成，萬世大利。"書奏，帝壯之，報曰："延年計議甚深，然河乃大禹之所導也，聖人作事為萬世功，通於神明，恐難改更。"

【校注】

【一】太山，此指泰山。

【二】延年，即乘馬延年，西漢人。

桓譚《新語》[一]曰："大司馬[二]張仲義曰，河水濁，一石水，六斗泥。而民競決河溉田，令河不通利。至三月，桃花水至則決，以其嗌不泄也。可禁民勿復引河。"

【校注】

【一】《新語》，當為《新論》之誤。

【二】大司馬，職官名，漢以大司馬為三公之一，為最高軍政長官，漢武帝時設大司馬大將軍，居中秉政。

成帝

建始四年，先是，清河都尉[一]馮逡[二]奏言："郡承河（上）[下][三]流，（上壞）[土壤][四]輕脆易傷，頃所以闊無大害者，以屯氏河通，兩川分流也。今屯氏河塞，靈鳴犢口又益不利，獨一川兼受數河之任，雖高增堤防，終不能泄。如有霖雨，旬日不霽，必盈溢。九河今既[滅][五]難明，屯氏河[新][六]絕未久，其處易浚；又其口所居高，於分殺水力，道理便宜，可復浚以助大河，泄暴水，備非常。不豫修治，北決病四五郡，南決病十餘郡，然後憂之，晚矣。"事下丞相、御史，以為"方用度不足，可且勿浚"。至是大雨水十餘日，河果大決東郡金堤。

【校注】

【一】都尉，職官名，漢地方武官名，掌統郡兵，防備盜賊，受銀印剖符之任，有治所、屬官。

【二】馮逡，字子產，西漢上党潞縣（今屬山西）人。

【三】下，原作"上"，據《資治通鑑·漢紀二十二》（中華書局 2011 年版）改。

【四】土壤，原作"上壤"，據《資治通鑑·漢紀二十二》改。

【五】滅，原脫，據《資治通鑑·漢紀二十二》補。

【六】新，原脫，據《資治通鑑·漢紀二十二》補。

成帝時，河決潰金堤，凡灌四郡。杜欽薦王延世[一]為河堤使者。延世以竹落長四丈，大九圍，盛以小石，兩船夾載而下之。三十六日堤成，改元河平。

【校注】

【一】王延世，字和叔，一字長叔，西漢犍為資中（今屬四川）人。

鴻嘉四年，楊焉言："從河上下，患底柱隘，可鐫廣之。"上從其言，使焉鐫之。鐫之裁沒水中，不能去，而令水益湍怒，為害甚於故。是歲，渤海、清河、信都河水溢溢，灌縣邑三十一，敗官亭民舍四萬餘所。河堤都尉許商[一]與丞相史孫禁共行視，圖方略。禁以為"今河溢之害數倍於前決平原時。今河決平原金堤間，開通大河，令入故篤馬河[二]。至海五百餘里，水道浚利，又乾三郡水地，得美田且二十餘萬頃，足以償所開傷民田廬處，又省吏卒治隄救水歲三萬人以上。"許商以為"古說九河之名，有徒駭、胡蘇、鬲津，今見在成平[三]、東光[四]、鬲[五]界中。自鬲以北至徒駭間相去二百餘里，今河雖數移徙，不離此域。孫禁所欲開者，在九河南篤馬河，失水之迹，處勢平夷，旱則淤絕，水則為敗，不可許"。公卿皆從商言。先是，谷永[六]以為"河，中國之經瀆，聖王興則出圖書，王道廢則竭絕。今潰溢橫流，漂沒陵阜，異之大者也。修政以應之，災變自除。"是時李尋[七]、解光[八]亦言"陰氣盛則水為之長，故一日之間，晝減夜增，江河滿溢，所謂水不潤下，雖常於卑下之地，猶日月變見於朔望，明天道有因而作也。眾庶見王延世蒙重賞，競言便巧，不可用。議者常欲求索九河故迹而穿之，今因其自決，河且勿塞，以觀水勢。河欲居之，當稍自成川，挑出沙土，然後順天心而圖之，必有成功，而用財力寡"。於是遂止不塞。滿昌[九]、師丹[一〇]等數言百姓可哀，上數遣使者處業賑贍之。

【校注】

【一】許商，字長伯，西漢京兆長安（今屬西安）人，著有《五行論曆》等。

【二】篤馬河，今山東馬頰河。

【三】成平，即成平縣，西漢置，治所在今河北滄縣西景城南。

【四】東光，即東光縣，西漢置，治所在今河北東光縣東。

【五】鬲，即鬲縣，西漢屬平原郡，治所在今山東平原縣西北武家莊。

【六】谷永（？—前8年），本名並，字子雲，西漢京兆長安（今屬西安）人。

【七】李尋，字子長，西漢扶風平陵（今屬陝西）人。

【八】解光，西漢人，成帝時為司隸校尉。

【九】滿昌，字君都，西漢末潁川（今屬河南）人。

【一〇】師丹（？—3年），字仲公，西漢琅邪東武（今屬山東）人，卒諡節。

哀帝初，平當^{【一】}奏言："九河今皆寘滅，按經義治水，有決河深川而無堤防壅塞之文。河從汲郡以東，北多溢決，水迹難以分明。四海之衆不可誣，宜博求能浚川疏河者。"下丞相孔光^{【二】}、大司空^{【三】}何武^{【四】}，奏請部刺史^{【五】}、三輔^{【六】}、三河^{【七】}、弘農^{【八】}太守^{【九】}舉吏民能者，莫有應書。

【校注】

【一】平當（？—前4年），字子思，西漢梁國下邑（今屬安徽）人，徙扶風平陵（今屬陝西）。

【二】孔光（前65—5年），字子夏，西漢魯（今屬山東）人，孔子後裔。

【三】大司空，職官名，西漢綏和元年（前8年）改御史大夫為大司空。

【四】何武（？—3年），字君公，西漢蜀郡郫（今屬四川）人，謚刺。

【五】部刺史，即刺史，州長官，掌奉詔巡察諸州，以六條問事，刺舉所部官吏非法之事。

【六】三輔，原脫，據《漢書·溝洫志》補。三輔，官吏機構，漢指治理長安京畿地區的三位官員京兆尹、左馮翊、右扶風，同時指這三位官員管轄的地區京兆、左馮翊、右扶風三個地方。

【七】三河，即是河東、河內、河南三個郡，為近畿之地。

【八】弘農，即弘農郡，今河南靈寶市東北黃河沿岸。

【九】太守，郡長官名，朝廷以太守為治民的根本。

待詔^{【一】}賈讓^{【二】}言："治河有上中下策。古者立國居民，疆理土地，必遺川澤之分，度水勢所不及。大川無防，（水）[小]^{【三】}水得入，陂障卑下，以為（行）[污]^{【四】}澤，使秋水[多]^{【五】}，得有所休息，左右游波，寬緩而不迫。夫土之有川，猶人之有口也，治土而防其川，猶止兒啼而塞其口，豈不遽止，然其死可立而待也。故曰：'善為川者，決之使道；善為民者，宣之使言'。蓋堤防之作，近起戰國，壅防百川，各以自利。齊與趙、魏，以河為境。趙、魏瀕山，齊地卑下，作堤去河二十五里。河水東抵齊堤，則西而泛趙、魏。趙、魏亦為堤去河二十五里。雖非其正，水尚有所游蕩。時至而去，則填淤肥美，民耕田之。或久無害，稍築室宅，遂成聚落。大水時至漂沒，則更起堤防以自救，稍去其城郭，排水澤而居之，湛溺（固）[自]【六】其宜也。（令）[今]【七】堤防狹者去水數百步，遠者數里。近黎陽南故大金堤，從河西西北行，至西山南頭，乃折東，與山相屬。民居金堤東，為廬舍，住十餘歲更起堤，從東山南頭直南與故大堤會。又內黃界中有澤，方數十里，環之有堤，住十歲太守而賦民，民今起廬舍其中，此臣親所見者也。東郡白馬故大堤亦復數重，民皆居其間。從黎陽北盡魏界，故大堤去河遠者數十里，內亦數重，此皆前世所排也。河從內黃北至黎為石堤，激使東抵東郡平岡；又為石堤，使西北抵黎陽、觀下；又為石堤，使東北抵東郡津北；又為石堤，使西北抵魏郡昭陽；又為石堤，激使東北。百餘里間，河再西三東，迫厄如此，不得安息。今行上策，徙冀州之民當水衝者，決黎陽遮害亭，放河使北入海。河西薄大山，東薄金堤，勢不能遠泛濫，期月自定。難者將曰，若如此，敗壞城郭、田廬、塚墓以萬數，百姓怨恨。昔大禹治水，山陵當路者毀之，故鑿龍門，闢伊闕，拆砥柱，破碣石，墮斷天地之性。此乃人功所造，何足言也！今瀕河十郡治堤歲費且萬萬，及其大決，所殘無數。如出數年治河之費，以業所徙之民，遵古聖之法，定山川之位，使神人各處其所而不相奸，且以大漢方制萬里，豈其與水爭咫尺之地哉？此功一立，河定民安，千載無患，故謂之上策。若乃多穿漕渠，臣竊按視遮害亭西十八里，至淇水口，乃有金堤，高一丈。是自東，地稍下，堤高至遮害亭，高四五丈。往五六歲，河水大盛，增丈七尺，壞黎陽南郭門，入[至]【八】堤下。水未踰堤二尺所，從堤上北望，河高出門，百姓皆走上山。水流十三日，堤潰，吏民塞之。臣循堤上行視水勢，南七十餘里，至淇口，水適至堤半，計出地上五尺所。今（從何）［可從］【九】淇口以東為石堤，多漲水門。初元中，遮害亭下河去（東）［堤］【一〇】足數十步，至今四十餘歲，適至堤足。由是言之，其地堅矣。恐議者疑河大川難禁制，滎陽漕渠足以（止）［卜］【一一】之，其水門但用木與土耳。今據堅地作石堤，勢必完安。冀州渠首盡當仰此水門。治渠非穿地也，但為東方一堤，北行三百餘里，入漳水，其西因山足地高，諸渠皆往往股引取之。旱則開東方下水門溉冀州，水則開西方高門分河流。通渠有三利，不通有三害。民常罷於救水，半失作業，此一害也；水行地上，湊潤上徹，民則病濕氣，木皆立枯，鹵不生穀，此二害也；決溢有敗，為魚鱉食，此三害也。若有渠溉，則鹽鹵下濕，填淤加肥，此一利也；故種禾麥，更為粳稻，高田五倍，下田十倍，此二利也；轉漕舟船之便，此三利也。今瀕河堤吏卒郡數千人，伐買薪石之費歲數千萬，足以通渠成水門；又民利其灌溉，相率治渠，雖勞不罷。民田適治，河堤亦成，此誠富國安民，興利除害，支數百歲，故謂之中策。若繕完故堤，增卑倍薄，而勞費無已，數逢其害，此最下策也。"

丘公《大學衍義補》曰："古今言治河者，蓋未有出賈讓此三策者。"

【校注】

【一】待詔，以一技之長侍候皇帝之命者，始置於漢，用以徵召非正官而有各項專長之人。

【二】賈讓，西漢人，為西漢治河名人，提出"治河三策"。

【三】小，原作"水"，據《漢書·溝洫志》改。

【四】污，原作"行"，據《漢書·溝洫志》改。吳刻本作"汙"，即"污"異體字。

【五】多，原脫，據《漢書·溝洫志》補。

【六】自，原作“固”，據《漢書·溝洫志》改。

【七】今，原作“令”，據《漢書·溝洫志》改。

【八】至，原脱，據《漢書·溝洫志》補。

【九】可從，原倒，作“從可”，據《漢書·溝洫志》改。

【一〇】堤，原作“東”，據《漢書·溝洫志》改。

【一一】卜，原作“止”，據《漢書·溝洫志》改。

平帝

元始四年，又徵能治河者以百數，其大略異者，長水校尉[一]關並言：“河決率常於平原、東郡左右，其地形本下，水勢惡。聞禹治河時本空此地。秦漢以來，河決不過百八十里，可空此地，勿以為官亭、民室。”御史韓牧[二]以為，可略於《禹貢》九河處穿之，但為四五，宜有益。大司空掾王橫言：“河入渤海，地高於韓牧所欲穿處。往者海溢，西南出，浸數百里，九河之地已為海所漸矣。禹之行河水，本從西山下東北去。《周譜》云：‘定王五年，河徙。’今則所行非禹之穿也。又秦攻魏，決河灌（之）[其都][三]，決處遂大，不可復補。宜更開空，使緣西山足，乘高地而東北入海，乃無水災。”（司據）[司空掾][四]桓譚[五]（與）[典][六]其議，為甄豐[七]言：“凡此數者，必有一是。宜詳考驗，皆可豫見，計定然後舉事，費不過數億萬，亦可以事諸浮食無產業民。衣食縣官而為之作，乃兩便。”時莽但崇空語，無施行者。

丘公《大學衍義補》曰：“西漢一代，治河之策盡見於此，大約不過數說。或築堤以塞之，或開渠以疏之，或作竹落而下以石，或聽其自決以殺其勢，或欲徙民居放河入海，或欲穿水門以殺其勢，或欲空河流所注之地，或欲尋九河故道。桓譚謂數說必有一是，詳加考驗，豫見計定，然後舉事。以今觀之，今古言河者，皆莫出賈讓三策，其所以治之之法，又莫出元賈魯疏、浚、塞之三法焉。”

【校注】

【一】長水校尉，漢代禁衛軍將領，漢武帝置，八校尉之一，掌屯於長水（荆谷水，今陝西藍田縣西北）的烏桓人、胡人騎兵。

【二】韓牧，字子臺，漢臨淮（今屬江蘇）人。

【三】其都，原作"之"，據《資治通鑑·漢紀》二八改。

【四】司空掾，原脱"空"，據《資治通鑑·漢紀》二八補。司空掾，職官名。

【五】桓譚（約前23—56年），字君山，東漢初沛國相（今屬安徽）人，著有《新論》，早佚，今存《形神》篇。

【六】典，原作"與"，據文意改。

【七】甄豐（？—10年），西漢人。

明帝

永平十四年夏四月，修汴渠堤。初，平帝時，河、汴決壞，久而不修。建武十年，光武欲修之，浚儀令[一]樂俊[二]上言："民新被兵革，未宜興役。"乃止。其後汴渠東浸，日月彌廣，兗、豫百姓怨嘆。會有薦樂浪王景[三]能治水者，帝問水形便，景陳利害，應對敏捷，帝甚善之。乃賜《山海》《渠書》《禹貢圖》及以錢帛，發卒數十萬，詔景與將作謁者王吳治渠防。築堤修堨，起自滎陽，東至千乘海口，千有餘里。景乃商度地勢，鑿山開澗，陽過衝要，疏決壅積，十里一水門，令更相迴注，無復潰漏之患。明年渠成，帝親隨巡行，詔濱河郡國置河堤員吏，如西京舊制[四]。[景][五]由是顯名，王吳及諸從事者皆增秩一等。順帝陽嘉中，石門又自汴河口以東，緣河積石為堰，通淮口金堤。靈帝建寧中，又增修石門，以遏渠口，水盛則通注，津耗則輒流。濟水東經滎瀆，注濆水，受河水，有石門，謂之為滎口[六]石門。門南則際河，有故碑云："惟陽嘉三年二月丁丑，使河堤謁者王誨疏達河川，述荒庶土，云大河衝塞，侵嚙金堤，以竹籠石葺葦土而為（遏）[竭]【七】，壞隤無已，功消億萬，請以濱河郡徒疏山采石，壘為障。功業既就，徭役用息，詔書許誨立功府鄉規基經始，詔策加命，遷在沂州【八】。乃簡朱軒，授使司馬登，令纘茂前緒，稱遂休功。登以伊、洛合注大河，南則緣山，東過大伾，回流北岸，其勢鬱嵘濤怒，湍急激疾，一有決溢，彌原漫野，蟻孔之變，害起不測，蓋自姬氏之所常（感）[蹙]【九】。昔崇鯀所不能治，我二宗之所劬勞。於是乃跋涉躬親，經之營之，比率百姓，共之于山【一○】，伐石三谷，水匠致治，立激岸側，以捍鴻波。[隨時]【一一】慶賜，説以勸之，川無滯越，水上通演，役未踰年，工程有畢。斯乃元勳之嘉（課）[謀]【一二】，上德之弘表也。昔禹修九道，《書》録其功；后稷躬稼，《詩》列于《雅》。夫不憚勞謙之勤，夙興厥職，充國惠民，亦得湮没而不章焉。故遂刊石記功，垂示于後。"

【校注】

【一】浚儀令，職官名。

【二】樂俊，東漢人，光武建武中為浚儀令。

【三】王景（約30—85年），字仲通，東漢樂浪詌邯（今屬朝鮮）人，著有《大衍玄基》，今佚。

【四】西京舊制，即指西漢舊制。西漢都城長安，東漢改都洛陽，因此稱洛陽為東京，長安為西京。

【五】景，脱字，據《後漢書》卷七六補。

【六】滎口，今河南滎陽市北，古滎澤受河水之口。

【七】竭，原作"遏"，據《水經注》卷七改。

【八】沂州，北周宣政元年（578年）改北徐州置，治所在即丘縣（今山東臨沂市西），轄境相當今山東新泰、臨沂、費縣、平邑等市縣地。

【九】慼，原作“感”，據《水經注》卷七改。

【一〇】共之于山，《水經注》卷七作“議之於臣”。

【一一】隨時，原脱，據《水經注》卷七補。

【一二】謀，原作“課”，據《水經注》卷七改。

唐

玄宗

開元十六年，以宇文融[一]充九河使。融請用《禹貢》九河故道開稻田，并回易陸運錢，官收其利；興役不息，事多不就。

【校注】

【一】宇文融，唐京兆萬年（今屬陝西省西安市）人。

後唐

天成四年十二月庚申，修治河北岸，宣差左衛上將軍[一]李承約[二]祭之。張敬詢[三]為滑州節度使[四]。長興初，敬詢以河水連年溢，乃自酸棗縣界至濮州廣堤防一丈五尺，東西二百里。

【校注】

【一】左衛上將軍，職官名，唐貞元二年（786年）置為左衛長官，位大將軍上，從二品，掌宮禁宿衛，總制五府及外府。

【二】李承約，字德儉，五代時薊州（今屬天津）人。

【三】張敬詢，五代時勝州金河（今屬內蒙古）人。

【四】節度使，職官名，總攬一道或數州的軍、民、財政，所轄區內各州刺史（郡守）均為其下屬。

晉

天福七年三月己未，梁州[一]節度使安彥威奏到滑州修河堤。時以瓠子河漲溢，詔彥威督諸道（運）[軍][二]民，自豕韋[三]之北築堰數十里，給私財以犒民，民無散者，竟止其害，鄆、（漕）[曹][四]、濮賴之。以功加鄴國公，詔於河決之地建碑立廟。

【校注】

【一】梁州，唐武德元年（618年）復置，轄境相當今陝西漢中、城固、南鄭、勉縣等市縣地及寧強縣北部地區。

【二】軍，原作"運"，據《册府元龜》卷四百九十七改。

【三】豕韋，今河南滑縣東南。

【四】曹，原作"漕"，据《册府元龜》卷四百九十七改。

漢

乾祐二年，有補闕[一]盧振上言："臣伏見汴河堤兩岸（堤）[二]堰不牢，每年潰決，正當農時，勞民功役。以臣愚管，沿汴水有故河道陂澤處，置立斗門。水漲溢時以分其勢，即澇歲無漂没之患，旱年獲澆溉之饒，庶幾編氓差免勞役。"

【校注】

【一】補闕，職官名，為侍從、諫官的職任。

【二】堤，衍字，據《册府元龜》卷四百九十七刪。

周

顯德元年，周遣使分塞決河。

二年，周疏汴水。汴水自唐末潰決，自通橋東南悉為污澤。世宗謀擊唐，先命發民夫因放堤疏導之，東至泗上。議者皆以為難成。世宗曰："數年之後，必獲其利。"

三年二月，周主行視水寨，至汜橋，自取一石，馬上持之，至寨以供礮。從官過橋者，人取一石。

四年，周疏汴水入五丈河，自是齊魯舟楫皆達於大梁。

五年，周汴渠成，浚汴口，導河流達於淮，於是江淮舟楫始通。

《治河通考》卷之四

議河治河考

宋

太祖

乾德二年，遣使案行，將治古堤。議者以舊河不可卒復，力役役且大，遂止。但詔民治遙堤，以禦衝注之患。其後赤河決東平之竹村，七州之地復罹水灾。三年秋，大雨霖，開封府河決陽武，又孟州^{【一】}水漲，壞中潬橋梁，澶、鄆亦言河決，詔發州兵治之。

【校注】

【一】孟州，唐會昌三年（843年）置，治所在河陽縣（今屬河南焦作市孟縣南），轄境相當今河南孟縣、溫縣、濟源等縣市地及滎陽市部分地。

四年八月，滑州河決，壞靈河縣大堤，詔殿前都指揮使^{【一】}韓重贇^{【二】}、馬步軍都軍頭^{【三】}王廷義^{【四】}等督士卒丁夫數萬人治之，被泛者蠲其秋租。

【校注】

【一】殿前都指揮使，職官名，又稱殿帥或殿岩，宋殿前司（即殿前都指揮使司，宋統軍機構）長官。

【二】韓重贇（？—974年），北宋磁州武安（今屬河北）人。

【三】馬步軍都軍頭，職官名，馬步軍長官，馬步軍又稱司理院，宋諸州掌勘刑獄案件的機構。

【四】王廷義（923—969年），宋萊州（今屬山東）人。

乾德五年正月，帝以河堤屢決，分遣使行視，發畿甸丁夫繕治。自是歲以為常，皆以正月首事，季春而畢。

開寶五年正月，詔曰：“應緣黃、汴、清、御等河州縣，除準舊制種藝桑棗外，委長吏課民別樹榆柳及土地所宜之木。仍案戶籍高下，定為五等：第一等歲樹五十本，第二等以下遞減十本。民欲廣樹藝者聽，其孤、寡、惸、獨者免。”是月，澶州修河卒賜以錢、鞵，役夫給以茶。五月，河大決濮陽，又決陽武。詔發諸州兵及丁夫凡五萬人，遣潁州團練使【一】曹翰【二】護其役。翰辭，太祖謂曰：“霖雨不止，又聞河決。朕信宿以來，焚香上禱于天，若天災流行，願在朕躬，勿延于民也。”翰頓首對曰：“昔宋景公諸（伕）［侯］【三】耳，一發善言，災星退舍。今陛下憂及兆庶，懇禱如是，固當上感天心，必不為災。”六月，下詔曰：“近者澶、濮等數州，霖雨荐降，洪河為患。朕以屢經決溢，重困黎元，每閱前書，詳究經瀆。至若夏后所載，但言導河至海，隨山浚川，未聞力制湍流，廣營高岸。自戰國專利，湮塞故道，小以妨大，私而害公，九河之制遂隳，歷代之患弗弭。凡縉紳多士、草澤之倫，有素習河渠之書，深知疏導之策，若有經久，可免重勞，並許詣闕上書，附驛條奏。朕當親覽，用其所長，勉副詢求，當示甄獎。”時東魯逸人田（吉著）［告者］【四】，纂《禹元經》十二篇，帝聞之，詔至闕下，詢以治水之道，善其言，將授以官，以親老固辭歸養，從之。翰至河上，親督工徒，未幾，決河皆塞。

【校注】

【一】團練使，職官名，宋沿唐制，掌統區或州軍事，常以刺史兼領，但無職掌，僅為武臣遷轉之階，地位高於刺史低於防御使。

【二】曹翰（924—992），宋大名（今屬河北）人，卒謚武毅。

【三】侯，原作"伏"，據《宋史・河渠志》改。

【四】告者，原作"吉著"，據《宋史・河渠志》改。田告，名或作誥，字象宜，號暧叟，宋齊州歷城（今山東濟南）人，時稱東魯逸人。

太宗

太平興國二年秋七月，河決孟州之温縣、鄭州之滎澤、澶州之頓丘，皆發緣河諸州丁夫塞之。視堤岸之缺，亟繕治之；民被水災者，悉蠲其租。

八年五月，河大決，詔發丁夫塞之。堤久不成，乃命使者按視遥堤舊址。使回[一]條奏，以為"治遥堤不如分水勢。自孟抵鄆，雖有堤防，唯滑與澶最為隘狹。于此二州之地，可立分水之制，宜于南北岸各開其一，北入王莽河以通于海，南入靈河以通于淮，節减暴流，一如汴口之法。其分水河，量其遠近，作為斗門，啓閉隨時，務乎均濟。通舟運、溉農田，此富庶之資也"。不報。

【校注】

【一】回，原作"者"，據《宋史・河渠志》改。

九年春，滑州復言房村河決。帝曰："近以河決韓村，發民治堤不成，安可重困吾民，當以諸軍作之。"乃發卒五萬，以侍衛步軍都指揮使[一]田重進[二]領其役。

【校注】

【一】侍衛步軍都指揮使，職官名，北宋侍衛親軍步軍司的長官，為全國禁軍三帥之一。

【二】田重進（929—997 年），宋幽州（今屬河北）人。

淳化四年十月，河決澶州。是歲，巡河供奉官[一]梁睿上言："滑州土脉疏，岸善潰，每歲河決南岸，害民田。請于迎陽[二]鑿渠引水，凡四十里，至黎陽合大河，以防暴漲。"帝許之。

【校注】

【一】供奉官，職官名，宋三班院武臣有供奉官，太宗後分為東西頭供奉官，位在左右侍禁之上。

【二】迎陽，地名，今河南浚縣東北。

五年正月，滑州言新渠成，帝又案圖，命昭宣使羅州刺史杜彦鈞率兵夫，計功十七萬，鑿河開渠，自韓村至州西鐵狗廟，凡[一]十五餘里，復合于河，以分水勢。

【校注】

【一】凡，原作"九"，據《宋史·河渠志》改。

真宗

咸平三年五月，始，赤河決，擁濟、泗，鄆州城中常苦水患。至是，霖雨彌月，積潦益甚，乃遣工部郎中[一]陳若拙[二]經度徙城。若拙請徙于東南十五里陽卿之高原，詔可。

【校注】

【一】工部郎中，職官名，工部屬官，掌工部所屬工部司事。

【二】陳若拙（955—1018年），字敏之，宋幽州盧龍（今屬河北）人。

大中祥符三年，著作佐郎【一】李垂【二】上《導河形勝書》三篇并圖。其略曰："臣請自汲郡東推禹故道，挾御河，較其水勢，出大伾、上陽、太行三山之間，復西河故瀆，北注大名西、館陶（東，南）［南，東］【三】北合赤河而至于海。因于魏縣北析一渠，正北稍西逕衡瀆直北，下出邢、洺，如《夏書》過洚水，稍東注易水【四】，合百濟，會朝河而至于海。大伾而下，黃、御混流，薄山障堤，勢不能遠。如是則載之高地而北行，百姓獲利，而契丹不能南侵。《禹貢》所謂'夾右碣石入于河'，孔安國曰：'河逆上北州界。'其始作自大伾西八十里，曹公所開運渠【五】東五里，引河水正北稍東十里，破伯禹古堤，逕牧馬陂【六】，從禹故道，又東三十里轉大伾西、通利軍【七】北，挾白溝【八】，復回大河，北逕清豐、大名西，歷洹水【九】、魏縣東，暨館陶南，入屯氏故瀆【一〇】，合赤河而北至于海。既而自大伾西新發故瀆西岸析一渠，正北稍西五里，廣深與汴等，合御河道，逼大伾北，即堅【一一】壤析一渠，東西二十里，廣深與汴等，復東大河。兩渠分流，則三四分水，猶得注澶淵【一二】舊渠矣。大都河水從西大河故瀆東北，合赤河而達于海，然後于魏縣北發御河西岸析一渠，正北稍西六十里，廣深與御河等，合衡潭水；又冀州北界、深州【一三】西南三十里決（衝）［衡］【一四】漳西岸，限水為門，西北注滹沱【一五】，潦則塞之，使東漸渤海，旱則決之，使西灌屯田，此中國禦邊之利也。兩漢而下，言水利者，屢欲求九河故道而疏之。今考圖志，九河並在平原而北，且河壞澶、滑，未至平原而上已決矣，則九河奚利哉。漢武捨大伾之故道，發頓丘之暴衝，則濫兗泛齊，流患中土，使河朔平田，膏腴千里，縱容邊寇劫掠其間。今大河盡東，全燕陷北，而禦邊之計，莫大于河。不然，則趙、魏百城，富庶萬億，所謂誨盜而招寇矣。一日伺我饑饉，乘虛入寇，臨時用計者實難；不如因人足財豐之時，成之為易。"詔樞密直學士【一六】任中正【一七】、龍圖閣直學士【一八】陳彭年【一九】、知制誥【二○】王曾【二一】詳定。中正等上言："詳垂所述，頗為周悉。所言起滑臺而下，派之為六，則緣流就下，湍急難制，恐水勢聚而為一，不能各依所導。設或必成六派，則是更增六處為口，悠久難于堤防；亦慮入滹沱、漳河，漸至二水淤塞，益為民患。又築堤七百里，役夫二十一萬七千，工至四十日，侵占民田，頗為煩費。"其議遂寢。

【校注】

【一】著作佐郎，史官名，為著作郎（職官名，掌修國史和起居注）的輔佐。

【二】李垂（965—1033年），字舜工，北宋聊城（今屬山東）人。

【三】"南，東"底本倒，作"東，南"，據《續資治通鑑·宋紀三十》（中華書局1964年版）改。

【四】易水，指北易水，源出易縣北，東南流入定興界，在今河北。

【五】運渠，今河南洛陽市舊城南。

【六】牧馬陂，即長豐泊，今河南浚縣西。

【七】通利軍，北宋端拱元年（988年）置，治所在黎陽縣（今河南浚縣東）。

【八】白溝，今河南浚縣西南，東北流至黎山西北，與宿胥故瀆合。

【九】洹水，今河南北部衛河支流安陽河。

【一○】屯氏故瀆，即屯氏河故瀆，遺跡今散見於山東、河北兩省接壤處各縣境內。

【一一】堅，春秋衛邑，今河南浚縣北。

【一二】澶淵，今河南濮陽縣西。

【一三】深州，唐先天二年（713年）復置，治所在陸澤縣（今河北深州），轄境相當今河北深州、安平、饒陽、辛集等縣市地。

【一四】衡，原作"衝"，據《續資治通鑑·宋紀三十》改。衡漳，即古漳水，舊説在今河南武陟、沁陽、温縣一帶。

【一五】滹沱，亦作"滹池"，即滹沱河，今河北省西部。

【一六】樞密直學士，樞密院職官名，掌侍從，備顧問，其兼簽書樞密院事者掌樞密軍政文書。

【一七】任中正，字慶之，宋曹州濟陰（今屬山東）人。

【一八】龍圖閣直學士，宋景德四年（1007年）置，龍圖閣學士統稱。龍圖閣，宋閣名，主要收藏御書、御制文集、典冊等物，及宗正寺所進宗室名冊、世譜等。

【一九】陳彭年（961—1017年），字永年，宋江西省南城縣（今屬江西）人，《廣韻》的主要修撰人。

【二〇】知制誥，職官名，宋制，凡翰林學士入院皆加知制誥，掌起草内制文書。

【二一】王曾（978—1038年），字孝先，宋青州益都（今山東青州）人，謚文正，著有《王文正公筆録》。

七年，詔罷葺遥堤，以養民力。八月，河決澶州大吴埽，役徒數千，築新堤，亘二百四十步，水乃順道。

八年，京西轉運使【一】陳堯佐【二】議開滑州小河分水勢，遣使視利害以聞。及還，請規度自三迎楊村北治之，復開汊河于上游，以泄其壅溢。詔可。

【校注】

【一】轉運使，職官名，宋於諸道置轉運使，掌財賦收入，兼管邊防、刑獄及考察該路地方官吏和民情風俗，察訪後上報朝廷，常以參政或文武帥臣兼領。

【二】陳堯佐（963—1044 年），字希元，號知餘子，宋閬州閬中（今屬四川）人，謚文惠，著有《潮陽編》《野廬編》《遣興集》《愚丘集》等。

天禧三年六月乙未夜，滑州河溢，歷澶、濮、曹、鄆，東入于淮，即遣使賦諸州薪石、檾楗、芟竹之數千六百萬，發兵夫九萬人治之。

四年二月，河塞，群臣入賀，上親為文，刻石紀功。是年，祠部員外郎[一]李垂又言疏河利害，命垂至大名府、滑衛德（具）[貝]州、通利軍與長吏計度。垂上言：“臣所至，並稱黃河水入王莽沙（黃）[河][二]與西河故瀆，注金[三]、赤河[四]，必慮水勢浩大，蕩盡民田，難于堤備。臣亦以為河水所經，不為無害。今者決河而南，為害既多，而又陽武埽東、石堰[五]埽西，地形污下，東河泄水又艱。或者云：‘今決處槽底坑深，舊渠逆上，若塞之，旁必復壞。’如是，則議塞河者誠以為難。若決河而北，為害雖少，一旦河水注御河，蕩陽水，逕乾寧軍，入獨流口，遂及契丹之境。或者云：‘因此搖動邊鄙。’如是，則議疏河者又益為難。臣于兩艱之間，輒畫一計：請自上流引北載之高地，東至大伾，瀉復于澶淵舊道，使南不至滑州，北不出通利軍界。何以計之？臣請自衛州東界曹公所開運渠東五里，河北岸凸處，就岸實土堅引之，正北稍東十三里，破伯禹古堤，注裴家潭[六]，逕牧馬陂，又正東稍北四十里，鑿大伾西山，釃為二渠；一逼大伾南足，決古堤正東八里，復澶淵舊道；一逼通利軍城北曲河口，至大禹所導西河故瀆，正北稍東五里，開南北大堤，又東七里，入澶淵舊道，與南渠合。夫如是，則北載之高地，大伾二山雁股之間分酌其勢，浚瀉兩渠，匯注東北，不遠三十里，復合於澶淵舊道，而滑州不治自涸矣。臣請以兵夫二萬，自來歲二月興作，除三伏半功外，至十月而成。其均厚埤薄，俟次年可也。”疏奏，朝議慮其煩擾，罷之。初，滑州以天臺[七]決口去水稍遠，聊興葺之，及西南堤成，乃於天臺口旁築月堤。六月望，河復決天臺下，走衛南，浮徐、濟，害如三年而益甚。帝以新經賦率，慮殫困民力，即詔京東西、河北路經水災州軍，勿復科調丁夫，其守捍堤防役兵，仍令長吏存恤而番休之。

【校注】

【一】祠部員外郎，職官名，宋以祠部郎中為主官，員外郎為次官，掌祠祀、享祭、天文、漏刻、國忌、廟諱、卜筮、醫藥、僧尼之事。

【二】河，原作"黃"，據《宋史·河渠志》改。

【三】金河，今河北蔚縣東。

【四】赤河，今山東東平縣西北，黃河支流。

【五】石堰，今安徽青陽縣東北。

【六】裴家潭，今河南浚縣東，與長豐泊相近。

【七】天臺，即天臺山，今河南滑縣東南。

五年正月，知滑州陳堯佐以西北水壞，城無外禦，築大堤，又疊埽于城北，護州中居民；復就鑿橫木，下垂木數條，置水旁以護岸，謂之"木龍"，當時賴焉；復並舊河開枝流，以分導水勢，有詔嘉獎。說者以黃河隨時漲落，故舉物候為水勢之名：自立春之後，東風解凍，河邊人候水，初至凡一寸，則夏秋當至一尺，頗為信驗，故謂之"信水"；二月、三月桃花始開，冰泮雨積，川流猥集，波瀾盛長，謂之"桃花水"；春末蕪菁華開，謂之"菜華水"；四月末壟麥結秀，擢芒變色，謂之"麥黃水"；五月瓜實延蔓，謂之"（苽）〔瓜〕【一】蔓水"；朔野之地，深山窮谷，固陰冱寒，冰堅晚泮，逮乎盛夏，消釋方盡，而沃蕩山石，水帶礬腥，并流于河，故六月中旬後，謂之"礬山水"；七月菽豆方秀，謂之"豆華水"；八月葵薆華，謂之"荻苗水"；九月以重陽紀節，謂之"登高水"；十月水落安流，復其故道，謂之"復槽水”；十一月、十二月斷冰雜流，乘寒復結，謂之“蹙凌水”；水信有常，率以為準，非時暴漲，謂之“客水”。其水勢：凡移洪橫注，岸如刺毀，謂之“札岸”；漲溢踰防，謂之“抹岸”；埽岸故朽，潛流漱其下，謂之“塌岸”；浪勢旋激，岸土上隤，謂之“淪捲”；水侵岸逆漲，謂之“上展”；順漲，謂之“下展”；或水乍落，直流之中，忽屈曲橫射，謂之“經穿”；水猛驟移，其將澄處，望之明白，謂之“拽白”，亦謂之“明灘”；湍怒略渟，勢稍泊起，行舟值之多溺，謂之“薦浪水”。水退淤澱，夏則膠土肥腴，初秋則黃滅土，頗為疏壤，深秋則白滅土，霜降後皆沙也。舊制，歲虞河決，有司常以孟秋預調塞［治］^{〔二〕}之物，（稍）［梢］^{〔三〕}芟、薪柴、楗橛、竹石、茭索、竹索凡千餘萬，謂之“春料”。詔下瀕河諸州所產之地，仍遣使會河渠官吏，乘農隙率丁夫水工，收采備用。凡伐蘆荻謂之“芟”，伐山木榆柳枝葉謂之“（稍）［梢］”^{〔四〕}，（瓣）［辮］^{〔五〕}竹（斜）［糾］^{〔六〕}芟為索。以竹為巨索，長十尺至百尺，有數等。先擇寬平之所為埽場。埽之制，密布芟索鋪（稍）［梢］^{〔七〕}，（稍）［梢］^{〔八〕}芟相重，壓之以土，雜以碎石，以巨竹索橫貫其中，謂之“心索”。卷而束之，復以大芟索繫其兩端，別以竹索自内旁出，其高至數丈，其長倍之。凡用丁夫數百或千人，雜唱齊挽，積置于卑薄之處，謂之“埽岸”。既下，以橛臬閡之，復以長木貫之，其竹索皆埋巨木于岸以維之，遇河之橫決，則復增之，以補其缺。凡埽下非積數疊，亦不能遏其迅湍，又有馬頭、鋸牙、木岸者，以蹙水勢護堤焉。凡緣河諸州，孟州有河南北凡二埽，開封府有陽武埽，滑州有韓房二村、憑管、石堰^{〔九〕}、州西、魚池、迎陽^{〔一〇〕}凡七埽，<small>舊制七里曲埽，後廢。</small>通利軍有齊賈、蘇村凡二埽，澶州有濮陽、大韓、大吳、商胡、王楚、橫隴^{〔一一〕}、曹村、依仁、大北、岡孫、陳固、明公、王八凡十三埽，大名府有孫杜、侯村二埽，濮州有任村（東）^{〔一二〕}、東、西、北凡四埽，鄆州有博陵、張秋、關山、子路、王陵、竹口凡六埽，齊州^{〔一三〕}有采金山、史家渦二埽，濱州^{〔一四〕}有平河、安定二埽，棣州^[一五]有聶家、梭堤、鋸牙、陽城四埽，所費皆有司歲計而無闕焉。

【校注】

【一】瓜，原作"苽"，據《宋史·河渠志》改。

【二】治，原脱，據《宋史·河渠志》補。

【三】梢，原作"稍"，據《宋史·河渠志》改。

【四】梢，原作"稍"，據《宋史·河渠志》改。

【五】辮，原作"瓣"，據《宋史·河渠志》改。

【六】糾，原作"斜"，據《宋史·河渠志》改。

【七】梢，原作"稍"，據《宋史·河渠志》改。

【八】梢，原作"稍"，據《宋史·河渠志》改。

【九】石堰，今安徽青陽縣東北。

【一〇】迎陽埽，今河南浚縣東北迎陽鋪。

【一一】横隴埽，今河南濮陽市東。

【一二】東，衍字，據《宋史·河渠志》刪。

【一三】齊州，治所在歷城縣（今山東濟南），轄境相當今山東濟南、淄博、長清、齊河、禹城、臨邑、濟陽、鄒平、章丘、桓臺等市縣地。

【一四】濱州，治所在渤海縣（今山東濱州市北濱城鎮），轄境相當今山東濱州、沾化、博興、利津等市縣地。

【一五】棣州，北宋大中祥符八年（1015年）移治八方寺（今山東惠民），轄境相當今山東濱州、惠民、商河、陽信、利津、沾化等市縣地。

仁宗

天聖元年，以滑州決河未塞，詔募京東、北河、陝西、淮南民輸薪芻，調兵伐瀕河榆柳，賙溺死之家。

二年，遣使詣滑、衛行視河勢。

五年，發丁夫三萬八千，卒二萬一千，緡錢五十萬，塞決河。十二月，浚魚池埽[一]減水河。

【校注】

【一】魚池埽，北宋於魚池口建，今河南滑縣東北魚池。

八年，始詔河北轉運司計塞河之備，良山令[一]陳曜請疏鄆、滑界廉丘河以分水勢，遂遣使行視遥堤。

【校注】

【一】良山令，職官名。良山，今山東梁山縣南梁山。令，地方縣地長官。

慶曆元年，詔權停修決河。自此久不復塞，而議開分水河以殺其暴。未興工而河流自分，有司以聞，遣使特祠之。三月，命築堤于澶以捍城。

至和元年，遣使行度故道，且詣銅城鎮[一]海口，約古道高下之勢。

【校注】

【一】銅城鎮，北宋置，屬天長縣，今安徽天長市北銅城鎮。

二年，翰林學士[一]歐陽修[二]奏疏曰：“朝廷欲俟秋興大役，塞商胡，開橫隴，回大河於古道。夫動大衆必順天時、量人力，謀於其始而審於其終，然後必行，計其所利者多，乃可無悔。比年以來，興役動衆，勞民費財，不精謀慮于厥初，輕信利害之偏説，舉事之始，既已蒼皇，群議一搖，尋復悔罷。不敢遠引他事，且如決河商胡，是時執政之臣，不慎計（利）

［慮］【三】，遽謀修塞。凡科配（稍）［梢】【四】芟一千八百萬，騷動六路一百餘軍州，官吏催驅，急若星火，民庶愁苦，盈於道塗。或物已輸官，或人方在路，未及興役，尋以罷修，虛費民財，為國歛怨，舉事輕（銳）［脫］【五】，為害若斯。今又聞復有修河之役，三十萬人之眾，開一千餘里之長河，計其所用物力，數倍往年。當此天災歲旱、民困國貧之際，不量人力，不順天時，知其有大不可者五：蓋自去秋至春半，天下苦旱，京東尤甚，河北次之。國家常務安靜振恤之，猶恐民起為盜，況於兩路聚大眾、興大役乎？此其必不可者一也。河北自恩州用兵之後，繼以凶年，人戶流亡，十失八九。數年以來，人稍歸（服）［復】【六】，然死亡之餘，所存者幾，瘡痍未歛，物力未完。又京東自去冬無雨雪，麥不生苗，將踰暮春，粟未布種，農心焦勞，所向無望。若別路差夫，又遠者難為赴役；一出諸路，則兩路力所不任。此其必不可者二也。往年議塞滑州決河，時公私之力，未若今日之貧虛；然猶除積物料，誘率民財，數年之間，始能興役。今國用方乏，民力方疲，且合商胡塞大決之洪流，此一大役也。鑿橫隴開久廢之故道，又一大役也。自橫隴至海千餘里，塌岸久已廢，頓須興緝，又一大役也。往年公私有力之時，興一大役，尚須數年，今猝興三大役於旱災貧虛之際。此其必不可者三也。就令商胡可塞，故道未必可開。鯀障洪水，九年無功，禹得《洪範》五行之書，知水潤下之性，乃因水之流，疏而就下，水患乃息。然則以大禹之功，不能障塞，但能因勢而疏決爾。今欲逆水之性，障而塞之，奪洪河之正流，使人力（幹）［斡］【七】而回注，此大禹之所能。此其必不可者四也。橫隴湮塞已二十年，商胡決又數歲，故道已平而難鑿，安流已久而難回。此其必不可者五也。臣伏思國家纍歲災譴甚多，其於京東，變異尤大。地貴安靜而有聲，巨嵎山摧，海水搖蕩，如此不止者僅十年，天地警戒，宜不虛發。臣謂變異所起之方，尤當過慮防懼，今乃欲於凶艱之年，聚三十萬之大眾於變異最大之方，臣恐災禍自茲而發也。況京東赤地千里，饑饉之民，正苦天災。

又聞河役將動，往往伐桑毀屋，無復生計。流亡盜賊之患，不可不虞。宜速止罷，用安人心。"九月，詔："自商胡之決，大河注（食）[金]【八】堤，（埽）[寖]【九】為河北患。其故道又以河北、京東饑，故未興役。今河渠司【一〇】李仲昌【一一】議欲納水入六塔河，使歸橫隴舊河，舒一時之急。其令兩制至待制以上、台諫官【一二】，與河渠司同詳定。"修又上疏曰："伏見學士院【一三】集議修河，未有定論。豈由賈昌朝【一四】欲復故道，李仲昌請開六塔，互執一說，莫知孰是。臣愚皆謂不然。言故道者，未詳利害之原；述六塔者，近乎欺罔之謬。今謂故道可復者，但見河北水患，而欲還之京東。然不思天禧以來河水屢決之因，所以未知故道有不可復之勢，臣故謂未詳利害之原也。若言六塔之利者，則不待攻而自破矣。今六塔既已開，而恩、冀之患，何為尚告奔騰之急？此則減水未見其利也。又開六塔者云，可以全回大河，使復橫隴故道【一五】。今六塔止是別河下流，已為濱、棣、德、博之患，若全回大河，顧其害如何？此臣故謂近乎欺罔之謬也。且河本泥沙，無不淤之理。淤常先下流，下流淤高，水行漸壅，乃決上流之低處，此勢之常也。然避高就下，水之本性，故河流已棄之道，自古難復。臣不敢廣述河源，且以今所欲復之故道，言天禧以來屢決之因。初，天禧中，河出京東，水行於今所謂故道者。水既淤澀，乃決天臺埽，尋塞而復故道；未幾，又決于滑州南鐵狗廟，今所謂龍門埽者。其後數年，又塞而復故道。已而又決王楚埽，所決差小，與故道分流，然而故道之水終以壅淤，故又于橫隴大決。是則決河非不能力塞，故道非不能力復，所復不久終必決於上流者，由故道淤而水不能行故也。及橫隴既決，水流就下，所以十餘年間，河未為患。至慶曆三、四年，橫隴之水，又自海口先淤，凡一百四十餘里；其後游、金、赤三河相決又淤。下流既梗，乃決於上流之商胡口。然則京東【一六】、橫隴兩河故道，皆下流淤塞，河水已棄之高地。京東故道，屢復屢決，理不可復，不待言而易知也。昨議者度京東故道功料，但云銅城已上乃特高爾，其東北銅城以上則稍低，比商胡以上則實高也。若云銅城以東地勢斗下，則當日水流宜決銅城已上，何緣而頓淤橫隴之口，亦何緣而大決也？然兩河故道，既皆不可為，則河北水患何為而可去？臣聞智者之於事，有所不能必，則較其利害之輕重，擇其害少者而為之，猶愈害多而利少，何況有害而無利？此三者可較而擇也。又商胡初決之時，欲議修塞，計用（稍）[梢]【一七】芟一千八百萬，科配六路一百餘州軍。今欲塞者乃往年之商胡，則必用往年之物數。至于開鑿故道，張奎【一八】所計工費甚大，其後李參【一九】減損，猶用三十萬人。然欲以五十步之狹，容大河之水，此可笑者；又欲增一夫所開三尺之方，倍為六尺，且開厚三尺而長六尺，自一倍之功，在于人力，已為勞苦。云六尺之方，以開方法算之，乃八倍之功，此豈人力之所勝？是則前功既大而難興，後功雖小而不實。大抵塞商胡、開故道，凡二（夫）[大]【二〇】役，皆困國勞人，所舉如此，而欲開難復屢決已驗之故道，使其虛費，而商胡不可塞，故道不可復，此所謂有害而無利者也。就使幸而暫塞，以舒目前之患，而終于上流必決，如龍門、橫隴之比，此所謂利少而害多也。若六塔者，於大河有減水之名而無減患之實。今下流所散，為患已多，若全回大河以注之，則濱、棣、德、博河北所仰之州，不勝其患，而又故道淤澀，上流必有他決之虞，此直有害而無利耳，是皆智者之不為也。今若因水所在，增治堤防，疏其下流，浚以入海，則可無決溢散漫之虞。今河所歷數州之地，誠為患矣；堤防歲用之失，誠為勞矣。與其虛費天下之財，虛舉大眾之役，而不能成功，終不免為數州之患，勞歲用之夫，則此所謂害少者，乃智者之所宜擇也。大約今河之勢，負三決之虞：復故道，上流必決；開六塔，上流亦決；河之下流，若不浚使入海，則上流亦決。臣請選知水利之臣，就其下流，求入海路而浚之。不然，下流（便）[梗]【二一】澀，則終虞上決，為患無涯。臣非知水者，但以今事可驗者較之耳。願下臣議，裁取其當焉。」預議官翰林學士承旨【二二】孫抃【二三】等言：「開故道，誠久利，然功大難成；六塔下流，可導而東去，以紓恩、冀金堤之患。"十二月，中書上奏曰："自商胡決，為大名、恩、冀患。先議開銅城道，塞商胡，以功大難卒就，緩之，而憂金堤汎溢不能捍也。願備工費，因六塔水勢入橫隴，宜令河北、京東預完堤埽，上河水所居民田數。"詔下中書奏。修又奏請罷六塔之役，時宰相富弼[二四]尤主仲昌議，疏奏亦不省。

【校注】

【一】翰林學士，職官名，為文學侍從之臣，專掌內命詔敕。

【二】歐陽修（1007—1072 年），字永叔，號醉翁、六一居士，北宋吉州永豐（今江西永豐）人，謚文忠，著有《歐陽文忠公集》《集古録》《六一詞》等。

【三】慮，原作"利"，據《宋史·河渠志》改。

【四】梢，原作"稍"，據《宋史·河渠志》改。

【五】脫，原作"鋭"，據《宋史·河渠志》改。

【六】復，原作"服"，據《宋史·河渠志》改。

【七】斡，原作"幹"，據《宋史·河渠志》改。

【八】金，原作"食"，據《宋史·河渠志》改。

【九】寢，原作"埽"，據《宋史·河渠志》改。

【一〇】河渠司，宋三司所屬機構，北宋皇祐三年（1051 年）置，掌黄河與汴河等河堤功料事務，以鹽鐵副使、判官主管。北宋嘉祐三年（1058 年）置都水監，廢三司河渠司。

【一一】李仲昌，宋博州聊城（今屬山東）人。

【一二】臺諫官，宋監察官，專掌諫諍君主及時政得失。

【一三】學士院，全稱翰林學士院，掌撰寫內命制書。

【一四】賈昌朝（997—1065 年），字子明，北宋真定獲鹿（今屬河北）人，謚文元，著有《群經音辨》《通紀時令》等。

【一五】横隴故道，横隴河自横隴埽北流，經今清豐、南樂，進入河北大名縣境，約在今館陶、冠縣一帶折東北流，經今山東聊城、高唐、平原一帶，經京東故道之北，下游分成數股，其中有赤、金、游等分流，經棣（治今山東惠民）、濱（治今山東濱州）二州之北入海。至慶曆八年（1048年）黃河在商胡埽決口，改道北流，遂稱此河為横隴故道。

【一六】京東故道，宋時因唐代以來黃河流經當時的京東路（路治宋州，今河南商丘），故稱京東故道。

【一七】梢，原作“稍”，據《宋史·河渠志》改。

【一八】張奎（988—1052年），字仲野，北宋臨濮（今屬山東）人。

【一九】李參（1006—1079年），字清臣，北宋鄆州須城（今山東東平）人。

【二〇】大，原作“夫”，據《宋史·河渠志》改。

【二一】梗，原作“便”，據《宋史·河渠志》改。

【二二】翰林學士承旨，職官名，宋沿唐制，為翰林學士院的長官，以翰林學士中久任者為之，掌以白麻草擬內命誥旨，顧問應對事，為皇帝近臣，承恩者常出任為宰相。

【二三】孫抃（996—1064年），字夢得，初名貫，字道卿，宋眉州眉山（今屬四川）人，喜藏書，號“書樓孫氏”，卒謚文懿。

【二四】富弼（1004—1083年），字彥國，北宋西京洛陽（今河南洛陽）人，卒謚文忠，著有《富鄭公詩集》。

嘉祐五年，都轉運使韓贄[一]言：“四界首古大河所經，即《溝洫志》所謂‘平原、金堤，開通大河，入篤馬河，至海五百餘里’者也。自春以丁壯三千浚之，可一月而畢。支分河流入金、赤河，使其深六尺，為利可必。商胡決河自魏至于恩、冀、乾寧入于海，今二股河自魏、恩東至于德[二]、滄[三]入于海，分為二，則上流不壅，可以無決溢之患。”乃上《四界首二股河圖》。

【校注】

【一】韓贄，字獻臣，宋齊州長山（今屬山東）人。

【二】德，即德州，治所在安德縣（今山東陵縣），轄境相當今山東德州、陵縣、平原及河北景縣、吳橋等市縣地。

【三】滄，即滄州，治所在清池縣（今滄縣東南），轄境相當今天津市海河以南，靜海縣及河北青縣、泊頭市以東，東光及山東寧津、樂陵、無棣以北地區。

劉敞[一]上疏曰："臣聞天有時、地有勢、民有力。乃者霖雨滔溢，山谷發泄，經川橫潰，或衝冒城郭，此天時也。澶、魏之埽，如商胡者多矣，莫決而商胡獨敗，此地勢也。淮、汝以西，關、陝以東，數千里之間罷於水憂者，甚則溺死，不甚則流亡，夫婦愁痛，無所控告，略計百萬人，未聞朝廷有以振業之也。而議（空）[塞][二]河，强疲病之餘以極其力，乘殘耗之後以略其財，重為事而罰所不勝，急為期而誅所不至，上則與天爭時，下則與地爭勢。此臣所謂過也。臣聞河之為患於中國久矣。其在前代，或塞或不塞。塞之為仁，不塞不為不仁，此有時而否者也。以堯為君，以舜為臣，以禹為司空，十有三年而有僅能勝水患耳。今朝廷之無禹明矣，欲以數月之間塞決河，不權於時，不察於民，不亦甚乎？議者以為不塞河則冀州之水可哀，甚不然。夫河未決之時，能使水病冀州則已矣。既決之後，縣邑則已役矣，人民則已亡矣，府庫則已喪矣，雖塞河不能有救也。今且縱水之所欲往而利導之，其不能救與彼同，而可以息民，何嫌而不為？"

【校注】

【一】劉敞（1019—1068 年），字原父，一作原甫，北宋臨江新喻荻斜（今江西樟樹）人，著有《公是集》。

【二】塞，原作"空"，據明崇禎十一年（1638 年）吴士顏刻本改。

英宗

治平元年，始命都水監[一]浚二股、五股河，以紓恩、冀之患。初，都水監言："商胡堙塞，冀州界河淺，房家、武邑二埽由此潰，慮一旦大決，則甚於商胡之患。"乃遣判都水監張鞏、户部副使[二]張燾[三]等行視，遂興工役，卒塞之。

【校注】

【一】都水監，掌全國河渠水利的機構，其長官稱都水使者或都水監，職掌有關河渠堰陂的政令，領河渠署及諸津令、丞。

【二】户部副使，職官名，户部使掌天下户口、税賦之籍，榷酒、匠作、衣儲之事，下有副使一人，分掌户税。

【三】張燾（1092—1166 年），字子公，宋饒州德興（今屬江西）人。

《治河通考》卷之五

議河治河考

神宗

熙寧元年六月，河溢恩、冀、瀛等處，帝憂之，顧問近臣司馬光[一]等。都水監丞[二]李立之請於恩，冀、深、瀛等州，創生堤三百六十七里以禦河，而河北都轉運司言："當用夫八萬三千餘人，役一月成。今方灾傷，願除之。"都水監丞宋昌言[三]謂："今二股河門變移，請迎河港進約，簽入河身，以紓四州水患。"遂與屯田都監內侍[四]程昉[五]獻議，開二股以導東流。於是都水監奏："慶曆八年，商胡北流，于今二十餘年，自澶州下至乾寧軍，創堤千有餘里，公私勞擾。近歲冀州而下，河道梗澀，致上下埽岸屢危。今棄强抹岸，衝奪故道，雖創新堤，終非久計。願相六塔舊口，并二股河道使東流，徐塞北流。"而提舉河渠[六]王亞等謂："黄、御河帶北行入獨流東寨，經乾寧軍、滄州等八寨邊界，直入大海。其近大海口闊六七百步，深八九丈，三女寨[七]以西闊三四百步，深五六丈。其勢愈深，其流愈猛，天所以限契丹。議者欲再開二股，漸閉北流，此乃未嘗睹黄河在界河内東流之利也。"十一月，詔翰林學士司馬光、入内内侍省副都知[八]張茂則[九]，乘傳相度四州生堤，回日兼視六塔、二股利害。二年正月，光入對："請如宋昌言策，於二股之西置上約，擗水令東。俟東流漸深，北流淤淺，既塞北流，放出御河、胡盧河，下紓恩、冀、深、瀛以西之患。"初，商胡決河自魏之北，至恩、冀、乾寧入於海，是謂北流。嘉祐（八）［五］【一〇】年，河流派于（渭）魏【一一】之第六埽，遂為二股，自（渭）魏【一二】、恩東至德、滄，入于海，是謂東流。時議者多不同，李立之力主生堤，帝不聽，卒用昌言説，置上約。三月，光奏："治河當因地勢水形，若強用人力，引使就高，橫立堤防，則逆激旁潰，不惟無成，仍敗舊績。臣慮官吏見東流已及四分，急於見功，遽塞北流，而不知二股分流，十里之內，相去尚近，地勢復東高西下。若河流并東，一遇盛漲，水勢（西河）［復西］【一三】入北流，則東流遂絕；或入滄、德堤埽未成之處，（失）［決］【一四】溢橫流。雖除西路之患，而害及東路，非策也。宜專護上約及二股堤岸。若今歲東流止添二分，則此去河勢自東，近者二三年，遠者四五年，候及八分以上，河流衝刷已闊，滄、德堤埽已固，自然北流日減，可以閉塞，兩路俱無害矣。"會北京留守【一五】韓（埼）［琦］【一六】言："今歲兵夫數少，而金堤兩埽，修上、下約甚急，深進馬頭【一七】，欲奪大河。緣二股及嫩灘舊闊千一百步，是可以容漲水。今截去八百步有餘，則將束大河於二百餘步之間，下流既壅，上流蹙遏湍怒，又無兵夫修護堤岸，其衝決必矣。況自德至滄，皆二股下流，既無堤防，必侵民田。設若河門束狹，不能容納漲水，上、下約隨流而脫，則二股與北流為一，其患愈大。又恩、深州所創生堤，其東則大河西來，其西則西山諸水東注，腹背受水，兩難（扞）［捍］禦。望選近臣速至河所，與在外官合議。"帝在經筵以琦奏諭光，命同茂則再往。四月，光與張鞏、李立之、宋昌言、張問【一八】、呂大防【一九】、程昉行視上約及方鋸牙，濟河，集議於下約。光等奏："二股河上約並在灘上，不礙河行。但所進方鋸牙已深，致北流河門稍狹，乞減折二十步，今（進）［近］【二〇】後，仍作蛾眉埽裹護。其滄、德界有古遙堤，當加葺治。所修二股，本欲疏導河水東去，生堤本欲捍禦河水西來，相為表裏，

未可偏廢。”帝因謂二府曰：“韓琦頗疑修二股。”趙抃[二一]曰：“人多以六塔
為戒。”王安石[二二]曰：“異議者，皆不考事實故也。”帝又謂：“程昉、宋昌
言同修二股如何？”安石以為可治。帝曰：“欲作籤河甚善。”安石曰：“誠然。
若及時作之，往往河可東，北流可閉。”因言：“李立之所築生堤，去河遠者
至八九十里，本欲以禦漫水，而不可禦河南之向著，臣恐漫水亦不可禦也。”
帝以為然。五月丙寅，乃詔立之乘驛赴闕議之。六月戊申，命司馬光都大提
舉修二股工役。呂公著[二三]言：“朝廷遣光相視董役，非所以褒崇近職、待
遇儒臣也。”乃罷光行。七月，二股河通快，北流稍自閉。戊子，張鞏奏：
“上約縈經泛漲，并下約各已無虞，東流勢漸順快，宜塞北流，除恩冀深瀛
永靜乾寧等州軍水患。又使御河[二四]、胡盧河[二五]下流各還故道，則漕運
無遏壅，動傳無滯流，塘泊無淤淺。復於邊防大計，不失南北之限，歲減費
不可勝數，亦使流移歸復，實無窮之利。且黃河所至，古今未嘗無患，較利
害輕重而取舍之可也。惟是東流南北堤防未立，閉口修堤，工費甚夥，所當
預備。望選習知河事者，與臣等講求，（其）[具][二六]圖以聞。”乃復詔光、
茂則及都水監官、河北轉運使同[二七]相度閉塞北流利害，有所不同，各以議
上。八月己亥，光入辭，言：“鞏等欲塞二股河北[流][二八]，臣恐勞費未易。
（勝）或[二九]幸而可塞，則東流淺狹，堤防未全，必致決溢，是移恩、冀、
深、瀛之患於滄、德等州也。不若俟三二年，東流益深闊，堤防稍固，北流
漸淺，薪芻有備，塞之便。”帝曰：“東流、北流之患孰輕重？”光曰：“兩地
皆王民，無輕重；然北流已殘破，東流尚全。”帝曰：“今不俟東流順快而塞北
流，他日河勢改移，奈何？”光曰：“上約固則東流日增，北流日減，何憂改
移。若上約流失，其事不可知，惟當并力護上約耳。”帝曰：“上約安可保？”
光曰：“今歲創修，誠為難保，然昨經大水而無虞，來歲地腳已牢，復何慮。
且上約居河之側，聽河北流，猶懼不保；今欲橫截使不行，庸可保乎？”帝
曰：“若河水常分二流，何時當有成功？”光曰：“上約苟存，東流必增，北

流必减；借使分為二流，於張鞏等不見成功，於國家亦無所害。何則？西北之水，并於山東，故為害大，分則害小矣。鞏等亟（於）[欲]【三〇】塞北流，皆為身謀，不顧國力與民患也。"帝曰："防（扞）[捍]兩河，何以供億？"光曰："并為一則勞費自倍，分二流則勞費減半。今減北流財力之半，以備東流，不亦可乎？"帝曰："卿等至彼視之。"時二股河東流及六分，鞏等因欲閉斷北流，帝意嚮之。光（為以）[以為]【三一】須及八分乃可，仍待其自然，不可施功。王安石曰："光議事屢不合，今令視河，後必不從其議，是重使不安職也。"庚子，乃獨遣茂則，奏："二股河東傾已及八分，北流止二分。"張鞏等亦奏："丙午，大河東徙，北流淺小。戊申，北流閉。"詔獎諭司馬光等，仍賜衣、帶、馬。時北流既塞，而河自其南四十里許家港東決，泛濫大名、恩、德、滄、永靜五州軍境。三年二月，命茂則、鞏相度澶、滑州以下至東流河勢、堤防利害。時方浚御河，韓琦言："事有緩急，工有後先，今御河漕運通駛，（至未）[未至]【三二】有害，不宜減大河之役。"乃詔輟河夫卒三萬三千，專治東流。是時，人爭言導河之利，茂則等謂："二股河（北）[地]【三三】最下，而舊防可因，今埋塞者纔三十餘里，若度河之湍，浚而逆之，又存清水鎮河以析其勢，則悍者可回，決者可塞。"帝然之。十二月，令河北轉運司開修二股河上流，并修塞第五埽決口。

【校注】

【一】司馬光（1019—1086 年），字君實，號迂叟，宋陝州夏縣（今屬山西）人，世稱涑水先生，謚文正，著有《資治通鑑》《稽古録》《溫國文正公文集》等。

【二】都水監丞，職官名，都水監下設丞二人，從七品上，掌判監事。

【三】宋昌言，字仲謨，宋趙州平棘（今屬河北）人。

【四】屯田都監內侍，職官名，掌統州府的屯戍事（屯田、營田、職田、租入、興修等事）。

【五】程昉，宋開封（今河南開封）人。

【六】提舉河渠，職官名，管理河渠事務的職官。

【七】三女寨，地名，北宋置，屬滄州清池縣，在今天津市西，北宋政和三年（1113年）改為三河寨。

【八】入內內侍省副都知，職官名，宋入內內侍省宦官，掌皇室成員生活起居瑣事。

【九】張茂則，字平甫，宋開封（今河南開封）人。

【一○】五，原作“八”，據《宋史·河渠志》改。

【一一】魏，原作“渭”，據《續資治通鑑·宋紀六十六》改。

【一二】魏，原作“渭”，據《續資治通鑑·宋紀六十六》改。

【一三】復西，原作“西河”，據明崇禎十一年（1638年）吳士顏刻本改。

【一四】決，原作“失”，據明崇禎十一年（1638年）吳士顏刻本改。

【一五】留守，職官名，宋在西京、北京、南京均置留守，其職按時巡視宮殿，練兵守境，按察所屬。

【一六】琦，原作“埼”，據明崇禎十一年（1638年）吳士顏刻本改。韓琦（1008—1075年），字稚圭，號贛叟，宋相州安陽（今河南安陽）人，卒諡忠獻，著有《安陽集》。

【一七】馬頭，即馬頭城，今安徽壽縣西北。

【一八】張問（1013—1087年），字昌言，宋襄州襄陽（今屬湖北）人。

【一九】呂大防（1027—1097年），字微仲，宋京兆藍田人，卒諡正湣，著有《呂汲公文錄》《韓吏部文公集年譜》等。

【二○】近，原作“進”，據《宋史·河渠志》改。

【二一】趙抃（1008—1084年），字閱道，號知非子，宋衢州西安（今屬浙江）人，著有《趙清獻公集》。

【二二】王安石（1021—1086 年），字介甫，號半山，宋撫州臨川（今屬江西）人，卒謚文，世稱王文公，著有《臨川集》《周官新義》等。

【二三】呂公著（1018—1089 年），字晦叔，宋壽州（今安徽壽縣）人，著有《五州録》《呂申公掌記》《呂正獻集》等。

【二四】御河，宋時專指今河北、河南境内的衛河，即隋所開永濟渠的一部分。

【二五】胡盧河，今河北南部滏陽河，宋時為衡水、寧晋間漳水的別稱。

【二六】具，原作“其”，據《宋史·河渠志》改。

【二七】同，原文作“司”，據《宋史·河渠志》改。

【二八】流，原脱，據《宋史·河渠志》補。

【二九】或，原作“勝”，據《宋史·河渠志》改。

【三〇】欲，原作“於”，據《宋史·河渠志》改。

【三一】以為，原倒，作“為以”，據《宋史·河渠志》改。

【三二】未至，原倒，作“至未”，據《宋史·河渠志》改。

【三三】地，原作“北”，據《宋史·河渠志》改。

五年二月甲寅，興役，四月丁卯，二股河成，深十一尺，廣四百尺。方浚河則稍障其決水，至是，水入于河，而決口亦塞。六月，河溢北京夏津[一]。閏七月辛卯，帝語執政：“聞京東調夫修河，有壞產者，河北調急夫尤多，若河復決，奈何？且河決不過占一河之地，或西或東，若利害無所校，聽其所趨，如何？”王安石曰：“北流不塞，占公私田至多，又水散漫，久復澱塞。昨修二股，費至少而公私田皆出，向之瀉鹵，俱為沃壤，庸非利乎？況急夫已減於去歲，若復葺理堤防，則河北歲夫愈減矣。”

【校注】

【一】夏津，即夏津縣，唐天寶元年（742 年）改鄃縣置，屬貝州，治所在今山東夏津。

六年，選人李公義者，獻鐵龍爪揚泥車法以浚河。其法：用鐵數斤為爪形，以繩繫舟尾而沉之水，篙工急（擢）〔櫂〕〔一〕，乘流相繼而下，一再過，水已深數尺。宦（臣）〔官〕〔二〕黃懷信以為可用，而患其太輕。王安石請令懷信、公義同議增損，乃別制浚川杷。其法：以巨木長八尺，齒長二尺，列于木下如杷狀，以石壓之；兩傍繫大繩，兩端矴大船，相距八十步，各用滑車絞之，去來撓蕩泥沙，已又移船而浚。或謂水深則杷不能及底，雖數往來無益；水淺則齒礙沙泥，曳之不動，卒乃反齒向上而曳之。人皆知不可用，惟安石善其法，使懷信先試之以浚二股，又謀鑿直河數里以觀其效。且言於帝曰：“開直河則水勢分。其不可開者，以近河，每開數尺即見水，不容施功爾。今第見水即以杷浚之，水當隨杷改趨直河，苟置數千杷，則諸河淺澱，皆非所患，歲可省開浚之費幾百千萬。”帝曰：“果爾，甚善。聞河北小軍壘當起夫五千，計合境之丁，僅及此數，一夫至用錢八緡。故歐陽修嘗謂開河如放火，不開如失火，與其勞人，不若勿開。”安石曰：“勞人以除害，所謂毒天下之民而從之者。”帝乃許春首興工，而賞懷信以度僧牒十五道，公義與堂除；以杷法下北京，令虞部員外郎〔三〕、都大提舉大名府界金堤范子淵與通判〔四〕、知縣〔五〕共試驗之，皆言不可用。會子淵以事至京師，安石問其故，子淵意附會，遽曰：“法誠善，第同官議不合耳。”安石大悅。至是，乃置浚河司，將自衞州浚至海口，差子淵都大提舉，公義為之屬。許不拘常制，舉使臣等；人船、木鐵、工匠，皆取之諸埽；官吏奉給視都水司監丞司；行移與監司敵體。當是時，北流（聞）〔閉〕〔六〕已數年，水或橫決散漫，常虞過壅。十月，外監丞〔七〕王令圖〔八〕獻議，於北京第四、第五埽等處開修直河，使大河遷二股故道，乃命范子淵及朱仲立領其事。開直河，深八尺，又用杷疏浚二股及清水鎮^[九]河，凡退背魚肋河則塞之。王安石乃盛言用杷之功，若不輟工，雖二股河上流，可使行地中。

【校注】

【一】櫂，原作"擢"，據《宋史·河渠志》改。

【二】官，原作"臣"，據《宋史·河渠志》改。

【三】虞部員外郎，工部屬官，宋沿唐制，掌京城街巷種植、山澤苑囿、草木薪炭、供頓田獵之事。

【四】通判，"通判州事"省稱，宋置，初與知州不相屬，實含監督之意，後漸成為知州的副貳官，以京朝官充，凡公文上下，均與知州連署，故稱通判。

【五】知縣，宋地方縣長官，掌一縣之政令。

【六】閉，原作"聞"，據《宋史·河渠志》改。

【七】外監丞，職官名，宋時掌管河流堤堰疏鑿浚治事務。

【八】王令圖，北宋黴縣（今山西太原）人。

【九】清水鎮，北宋置，屬冠氏縣，今山東冠縣東北四十里清水鎮。

七年，都水監丞劉璯言："自開直河，閉魚肋，水勢增漲，行流湍急，漸塌河岸，而許家港、清水鎮河極淺漫，幾於不流。雖二股深快，而蒲（泊）〔泊〕^[一]已東，下至四界首，退出之田，略無固護，設過漫水出岸，牽迴河頭，將復成水患。宜候霜降水落，閉清水鎮河，築縷河堤一道以遏漲水，使大河復循故道。又退出良田數萬頃，俾民耕種。而博州界堂邑等退背七埽，歲減修護之費，公私兩濟。"從之。是秋，判大名文彥博^[二]言："河溢壞民田，多者六十村，戶至萬七千，少者九村，戶至四千六百，願蠲租稅。"從之。又命都水詰官吏不以水災聞者。外都水監丞程昉以憂死。

【校注】

【一】泊，原作"洎"，據《宋史·河渠志》改。蒲泊，今河北昌黎縣南。

【二】文彥博（1006—1097年），字寬夫，號伊叟，北宋汾州介休（今屬山西）人，著有《文潞公集》。

文彥博言："臣正月嘗奏，德州河底淤澱，泄水稽滯，上流必至壅遏。又河勢變移，四散漫流，兩岸俱被水患，若不預為經制，必溢魏、博、恩、澶等州之境。而都水略無施設，止固護東流北岸而已。適纍年河流低下，官吏希省費之賞，未嘗增修堤岸，大名諸埽，皆可憂虞。謂如曹村一埽，自熙寧八年至今三年，雖每計春料當培低怯，而有司未嘗如約，其埽兵又皆給他役，實在者十有七八。今者果大決溢，此非天災，實人力不至也。臣前論此，并乞審擇水官。今河朔、京東州縣，人被患者莫知其數，嗷嗷籲天，上軫聖念，而水官不能自訟，猶汲汲希賞。臣前論所陳，出于至誠，本圖補報，非敢激訐也。"

初議塞河也，故道堙而高，水不得下，議者欲自夏津縣東開（篊）[籤]【一】河入董[固]【二】以護舊河，袤七十里九十步；又自張村埽直東築堤至龐家莊古堤，袤五十里二百步。詔樞密都承旨【三】韓縝【四】相視。縝言："漲水衝刷新河，已成河道。河勢變移無常，雖開河就堤，及於河身創立生堤，枉費功力。惟增修新河，乃能經久。"詔可。元豐元年十一月，都水監言："自曹村決口溢，諸埽無復儲蓄，乞給錢二十萬緡下諸路，以時市（稍）[梢]【五】草封樁。"詔給十萬緡，非朝旨及埽岸危急，毋得擅用。二年七月戊子，范子淵言："因護黃河[岸]【六】，畢工，乞中分為兩埽。"詔以廣武【七】上、下埽為名。

【校注】

【一】籤，原作"篊"，據《宋史·河渠志》改。

【二】固，原脫，據《宋史·河渠志》補。

【三】樞密都承旨，職官名，即樞密院都承旨，掌承宣旨命，通領院務，並主檢察樞密院主事以下屬吏功過、遷補之事。

【四】韓縝（1019—1097 年），字玉汝，北宋人，原籍靈壽（今屬河北），徙雍丘（今河南杞縣），卒諡莊敏。

【五】梢，原作"稍"，據《宋史·河渠志》改。

【六】岸，原脱，據《宋史·河渠志》補。

【七】廣武埽，今河南滎陽市北廣武北古黃河南岸堤埽。

初，河決澶州也，北外監丞陳祐甫（為）[謂]【一】："商胡決三十餘年，所行河道，填淤漸高，堤防歲增，未免泛濫。今當修者有三：商胡一也，横隴二也，禹舊迹三也。然商胡、横隴故道，地勢高平，土性疏惡，皆不可復，復亦不能持久。惟禹故瀆尚存，在大伾、太行之間，地卑而勢固。故秘閣校理【二】李垂與今知深州【三】孫民先皆有修復之議。望詔民先同河北漕臣【四】一員，自衛州王供埽按視，訖于海口。"從之。

【校注】

【一】謂，原作"為"，據《宋史·河渠志》改。

【二】秘閣校理，宋文史官，北宋淳化元年（990 年）置，以京朝官充任，與直秘閣通掌閣事，校勘秘閣所藏書籍。

【三】深州，北宋雍熙四年（987 年）遷治靜安縣（今河北深州），轄境相當今河北深州、安平、饒陽、辛集等市縣地。

【四】漕臣，總領漕運的大臣，宋轉運使、發運使、水陸運使皆稱漕臣。

四年六月戊午，詔："東流已填淤不可復，將來更不修閉小吳決口，候見大河歸納，應合修立堤防，令李立之經畫以聞。"帝謂輔臣曰："河之為患久矣，後世以事治水，故（嘗）[常]【一】有礙。夫（之水）[水之]【二】趨下，乃其性也，以道治水，則無違其性可也。如能順水所向，遷徙城邑以避之，復有何患？雖神禹復生，不過如此。"輔臣皆曰："誠如聖訓。"河北東路【三】提點刑獄【四】劉定言："王莽河【五】一徑水，自大名界下合大流注冀州，及臨清徐曲御河決口、恩州趙村壩子決口兩徑水，亦注冀州城東。若遂成河道，即大流難以西傾，全與李垂、孫民（光）[先]【六】所論違背，望早經制。"詔送李立之。八月壬午，立之言："臣自決口相視河流，至乾寧軍分入東、西兩塘，次入界河，於劈地口【七】入海，通流無阻，宜修立東西堤。"詔復計之。而言者又請："自王供埽上添修南岸，於小吳口北創修遙堤，候將來礬山【八】水下，決王供埽，使直河注東北，[於]【九】滄州界或南或北，從故道入海。"不從。九月庚子，立之又言："北京南樂【一〇】、館陶、宗城【一一】、魏縣、淺口【一二】、永濟、延安鎮【一三】、瀛洲景城鎮【一四】，在大河兩堤之間，乞相度遷於堤外。"於是用其說，分立東西兩堤五十九埽。定三等向著：河勢正著堤身為第一，河勢順流堤下為第二，河離[堤]【一五】一里內為第三。退背亦三等：堤去河最遠為第一，次遠者為第二，次近一里以上為第三。立之在熙寧初已主立堤，今竟行其言。

【校注】

【一】常，原作"嘗"，據《宋史·河渠志》改。

【二】水之，原作"之水"，據《宋史·河渠志》改。

【三】河北東路，北宋熙寧六年（1073年）分河北路置，治所在大名府（今河北大名縣東北大街鄉），轄境相當今河北白洋淀以南，子牙河、滏陽河及京廣鐵路以東，雄縣、霸州和天津市海河以南，及山東黃河以北地區。

【四】提點刑獄，職官名，掌糾察本路獄訟、訊問囚徒、詳覆案牘、巡察盜賊以及舉刺官吏等事，並有稽察漕司之權。

【五】王莽河，東漢以後對西漢時黃河自濮陽以下故道的俗稱，因改徙於王莽時，故名。故道自今河南濮陽市西南折北流經南樂縣西，又東北經河北大名縣、館陶縣東，折東經山東聊城市、荏平縣北，又折北經高唐縣東、平原縣西，再由德州市經河北東光縣、南皮縣、滄州市，東北至黃驊市、天津市入海。《水經注》稱大河故瀆。

【六】先，原作“光”，據明崇禎十一年（1638年）吳士顏刻本改。

【七】劈地口，今天津市東。

【八】礬山，今河北涿鹿縣東南。

【九】於，原脱，據《宋史·河渠志》補。

【一〇】南樂，即南樂縣，屬大名府，治所在今河南南樂。

【一一】宗城，即宗城縣，屬大名府，治所在今河北威縣東南。

【一二】淺口，即淺口鎮，今河北館陶縣西北柴堡鎮西淺口村。

【一三】延安鎮，今山東鄆平縣西北。

【一四】景城鎮，北宋熙寧六年（1073年）廢景城縣為鎮，治所在今河北滄州市景城。

【一五】堤，原脱，據《宋史·河渠志》補。

五年正月己丑，詔立之：“凡為小吳決口所立堤防，可按視河勢向背應置埽處，毋虛設巡河官，毋橫費工料。”六月，詔曰：“原武決口已奪大河四分以上，不大治之，將貽朝廷巨憂。其輟修汴河堤岸司兵五千，并力築堤修閉。”都水復言：“兩馬頭墊落，水面闊二十五步，天寒，乞候來春施工。”至臘月竟塞。九月，河溢滄州南皮上、下埽，又溢清池【一】埽，又溢永靜軍【二】阜城下埽。十月辛亥，提舉汴河堤岸司【三】言：“洛口廣武埽大河水漲，塌岸，壞下（鍤）［閘］【四】斗門，萬一入汴，人力無以（支吾）［枝梧］【五】。密邇都城，可不深慮。”詔都水監官速往護之。丙辰，廣武上、下埽危急，詔救護，尋獲安定。七年七月，河溢北京，（師）［帥］臣【六】王拱辰【七】言："河水暴至，數十萬衆號叫求救，而錢穀禀轉運【八】，常平歸提舉，軍器工匠隸提刑【九】，埽岸物料兵卒即屬都水監，逐司在遠，無一得專，倉卒何以濟民？望許不拘常制。"詔："事干機速，奏覆牒禀所屬不及者，如所請。"戊申，命拯護陽武埽。十月，冀州王令圖奏："大河行流散漫，河内殊無聚流，旋生灘磧。宜（令）［近］【一〇】澶州相視水勢，使（之）［還］【一一】復故道。"會明年春，宮車（宴）［晏］【一二】駕。大抵熙寧初，專欲導東流，閉北流。元豐以後，因河決而北，議者始欲復禹故迹。神宗愛惜民力，思順水性，而水官難其人。王安石力主程昉、范子淵，故二人尤以河事自任；帝雖（籍）［藉］【一三】其才，然每抑之。其後，元祐元年，子淵已改司農少卿【一四】，御史呂陶【一五】劾其"修堤開河，靡費巨萬，護堤壓埽之人，溺死無數。元豐六年興役，至七年功用不成。乞行廢放。"於是黜知兗州【一六】，尋降知峽州【一七】。其制略曰："汝以有限之材，興必不可成之役，驅無辜之民，置之必死之地。"中書舍人【一八】蘇軾【一九】詞也。八年，知澶州王令圖建議浚迎陽埽舊河，又於孫村【二〇】金堤置約，復故道。本路轉運使范子奇【二一】仍請於大吳北岸修進鋸牙，擗約河勢。於是回河東流之議起。

【校注】

【一】清池，即清池縣，治所在今河北滄縣東南四十里舊州鎮。

【二】永靜軍，北宋景德元年（1004 年）改定遠軍置，屬河北東路，治所在東光縣（今屬河北），轄境相當今山東德州市及河北東光、吳橋、阜城等縣地。

【三】汴河堤岸司，官署名，北宋元豐二年（1079 年）導洛水入汴河，置導洛通汴司，設都大提舉總領其事，元豐三年（1080 年），改汴河堤岸司。

【四】闡，原作"鎺"，據《宋史·河渠志》改。

【五】枝梧，原作"支吾"，據《宋史·河渠志》改。

【六】帥，原文作"師"，據《宋史·河渠志》改。帥臣，宋代諸路安撫司的長官。

【七】王拱辰（1012—1085年），原名王拱壽，字君貺，北宋開封府咸平（今河南通許）人，著有《文集》，已佚。

【八】轉運，職官名，宋轉運使的簡稱。

【九】提刑，職官名，宋提點刑獄公事的簡稱，宋初設於各路，掌所屬各州的司法刑獄和監察，兼管農桑等事。

【一〇】近，原作"令"，據《宋史·河渠志》改。

【一一】還，原作"之"，據《宋史·河渠志》改。

【一二】晏，原作"宴"，據《宋史·河渠志》改。

【一三】藉，原作"籍"，據《宋史·河渠志》改。

【一四】司農少卿，職官名，司農寺副貳官，掌管倉廩、籍田、苑囿等事務。

【一五】呂陶（1028—1104年），字元鈞，宋眉州彭山（今屬四川）人，著有《呂陶集》六十卷。

【一六】兗州，宋移治瑕縣（今山東兗州），轄境相當今山東濟寧、曲阜、泰安、萊蕪、汶上、寧陽、泗水、鄒城等市縣地。

【一七】峽州，北宋改硤州置，治所在夷陵縣（今湖北宜昌），轄境相當今湖北宜昌、宜都、長陽、遠安等市縣地。

【一八】中書舍人，職官名，中書省屬官，掌管詔令，參與機密政令決策，執掌中書省諸事。

【一九】蘇軾（1037—1101年），字子瞻，又字和仲，號東坡居士，北宋眉州眉山（今屬四川）人，著有《東坡七集》《東坡志林》《東坡樂府》等。

【一〇】孫村，今河南清豐縣東南十五里孫固。

【二一】范子奇，字中濟，宋河南（今屬河南）人。

《治河通考》卷之六

議河治河考

哲宗

元祐元年二月乙丑，詔："未得雨澤，權罷修河，放諸路兵夫。"九月丁丑，詔秘書監[一]張問[二]相度河北水事。十月庚寅，又以王令圖領都水，同問行河。十一月丙子，問言："臣至滑州決口相視，迎陽埽至大[三]、小吳[四]，水勢低下，舊河淤仰，故道難復。請於南樂大名埽開直河并簽河，分引水勢入孫村[五]口，以解北京向下水患。"令圖亦以為然，於是減水河之議復起。既從之矣，會北京留守韓絳奏引河近府非是，詔問別相視。

【校注】

【一】秘書監，職官名，掌圖書典籍的官員，宋初為寄祿官，元豐改制後始正職事。

【二】張問（1013—1087 年），字昌言，宋襄陽（今屬湖北）人。

【三】大吳埽，今河南浚縣境。

【四】小吳埽，今河南濮陽西。

【五】孫村，今河南濮陽縣東北。

　　二年二月，令圖、問欲必行前説，朝廷又從之。三月，令圖死，以王孝先[一]代領都水，亦請如令圖議。右司諫[二]王覿[三]言：“河北人户轉徙者多，朝廷責郡縣以安集，空倉廩以賑濟，又遣專使察視之，恩德厚矣。然耕耘是時，而流轉於道路者不已；二麥將熟，而寓食於四方者未還。其故何也？蓋亦治其本矣。今河之為患三：泛濫淳滀，漫無涯涘，吞食民田，未見窮已，一也；緣邊漕運獨賴御河，今御河淤澱，轉輸艱梗，二也；塘泊之設，以限南北，濁水所經，即為平陸，三也。欲治三患，在遴擇都水、轉運而責成耳。今轉運使范子奇反覆求合，都水使者[四]王孝先暗繆，望別擇人。”時知樞密院事[五]安燾[六]深以東流為是，兩疏言：“朝廷久議回河，獨憚勞費，不顧大患。蓋自小吳未決以前，河入海之地雖屢變移，而盡在中國；故京師恃以北限強敵，景德澶淵之事可驗也。且河決每西，則河尾每北，河流既益西決，固已北抵境上。若復不止，則南岸遂屬遼界，彼必為橋梁，守以州郡；如慶曆中因取河南熟户[七]之地，遂築軍以窺河外，已然之效如此。蓋自河而南，地勢平衍，直抵京師，長慮却顧，可為寒心。又朝廷捐東南之利，半以宿河北重兵，備預之意深矣。使敵能至河南，則邈不相及。今欲便於治河而緩於設險，非（奇）[計][八]也。”王嚴叟[九]亦言：“朝廷知河流為北道之患日深，故遣使命水官相視便利，欲順而導之，以拯一路生靈於墊溺，甚大惠也。然昔者專使未還，不知何疑而先罷議，專使反命，不知何所取信而議復興。既敕都水使者總護役事，調兵起工，有定日矣，已而復罷。數十日間，變議者再三，何以示四方？今有大害七，不可不早為計。北塞之所恃以為險者在塘泊，黃河埋之，（捽）[猝][一○]不可浚，浸[失][一一]北塞險固之利，一也；橫遏西山之水，不得順流而下，蠽溢於千里，使百萬生齒，居無盧，耕無田，流散而不復，二也；乾寧孤壘，危絶不足道，而大名、深、冀心腹郡縣，皆有終不自保之勢，三也；滄州扼北敵海道，自河不東流，滄州在河之南，直抵京師，無有限隔，四也；并吞御河，邊城失轉輸之便，五也；河北轉運司歲耗財用，陷租賦以百萬計，六也；六七月之間，河流交漲，占没西路，阻絶遼使，進退不能，［兩］【一二】朝以為憂，七也。非此七害，委之可，緩而未治可也。且去歲之患，（也）［已］【一三】甚前歲，今歲又甚焉，則奈（河）［何］【一四】？望深詔執政大臣，早決河議而責成之。”太師文彦博、中書侍郎呂大防皆主其議。中書舍人蘇轍【一五】謂右僕射【一六】呂公著曰：“河決而北，先帝不能回，而諸公欲回之，是自謂智勇勢力過先帝也。盍因其舊而修其未備乎？”公著唯唯。於是三省奏：“自河北決，恩、冀以下數州被患，至今未見開修的確利害，致防興工。”乃詔河北轉運使、副，限兩月同水官講議聞奏。十一月，講議官皆言：“令圖、問相度開河，取水入孫村口還復故道處，測量得流分尺寸，取引不過，其説難行。”十二月，張景先復以問説為善，果欲回河，惟北京已上、滑州而下為宜，仍於孫村浚治橫河舊堤，止用逐埽人兵、物料，并年例客軍，春天漸為之可也。朝廷是其説。

【校注】

【一】王孝先，即王曾（978—1038 年），字孝先，宋青州益都（今山東青州）人，謚文正，著有《王文正公筆録》。

【二】右司諫，宋諫官名，宋太宗端拱初改補闕為左右司諫，掌諷喻規諫。

【三】王覿，字明叟，宋泰州如皋（今屬山東）人。

【四】都水使者，職官名，掌舟楫水利，為總領各都水長之官。

【五】知樞密院事，職官名，樞密院長官，掌樞密軍政。

【六】安燾（1034—1108 年），字厚卿，宋開封（今河南開封）人。

【七】熟户，舊時指歸順的或發展程度較高的少數民族。

【八】計，原作“奇”，據明崇禎十一年（1638 年）吳士顏刻本改。

【九】王嚴叟，字彥霖，宋大名清平（今屬山東）人，著有《易傳》《詩傳》《韓魏公別録》等。

【一〇】猝，原作“捽”，據《宋史·河渠志》改。

【一一】失，原脱，據《宋史·河渠志》補。

【一二】兩，原脱，據《宋史·河渠志》補。

【一三】已，原作“也”，據《宋史·河渠志》改。

【一四】何，原作“河”，據明崇禎十一年（1638年）吳士顏刻本改。

【一五】蘇轍（1039—1112年），字子由，一字同叔，晚號潁濱遺老，北宋眉州眉山（今屬四川）人，追謚文定，著有《欒城集》《詩集傳》等。

【一六】右僕射，職官名，宋承唐制，置左右僕射掌佐天子議大政，元豐改制後，右僕射兼中書侍郎，行中書令之職。

（二）［三］［一］年六月戊戌，乃詔：“黄河未復故道，終為河北之患。王孝先等所議，已嘗興役，不可中罷，宜接續工料，向去决要回復故道。三省、樞密院速與商議施行。”右相［二］范純仁［三］言：“聖人有三寶，曰慈，曰儉，曰不敢為天下先。蓋天下大勢惟人君所向，群下兢趨如川流山摧，小失其道，非一言一力可回，故居上者不可不謹也。今聖意已有所向而為天下先矣。乞諭執政：‘前日降出文字，却且進入。’免希合之臣，妄測聖意，輕舉大役。”尚書王存［四］等亦言：“使大河决可東回，而北流遂斷，何惜勞民費財，以成經久之利。今孝先等自未有必然之論，但僥幸萬一，以冀成功，又預求免責，若遂聽之，將有噬臍之悔。乞望選公正近臣及忠實内侍，覆行按視，審度可否，興工未晚。”庚子，三省、樞密院奏事延和殿，文彦博、吕大防、安燾等謂：“河不東，則失中國之險，為契丹之利。”范純仁、王存、胡宗愈［五］則以虚費勞民為憂。存謂：“今公私財力困匱，惟朝廷未甚知者，賴先帝時封椿錢物可用耳。外路往往空乏，奈何起數千萬物料、兵夫，圖不可必成之功？且御契丹得其道，則自景德至今八九十年，通好如一家，設險何（禦）[與]【六】焉？不然，如石晋末耶律德（先）[光]【七】犯闕，豈無黄河為阻，況今河流未必便衝過北界耶？”太后曰：“且熟議。”明日，純仁又盡四不可之説，且曰：“北流數年未為大患，而議者恐失中國之利，先事回改；正如頃西夏本不為邊患，而好事者以為恐失機會，遂興靈武之師也。臣聞孔子論為政曰：‘先有司。’今水官未嘗保明，而先示決欲回河之旨，他日敗事，是使之得以（籍）[藉]【八】口也。”存、宗愈亦奏：“昨親聞德音，更令熟議。然纍日猶有未同，或令建議者結罪任責。臣等本謂建議之人，思慮有[所]【九】未逮，故乞差官覆按。若但使之結罪，彼所見不過如此，後或誤事，加罪何益。臣非不知河決北流，為患非一。淤沿邊塘泊，斷御河漕運，失中國之險，遏西山之流。若能全回大河，使由孫村故道，豈非上下通願？但恐不能成功，為患甚於今日。故欲選近臣按視：若孝先之説決可成，則積聚物料，接續興役；如不可為，則令沿河踏行，自恩、魏以北，塘泊以南，別求可以疏導歸海去處，不必專主孫村。此亦三省共曾商量，望賜詳酌。”存又奏：“自古惟有導河并塞河。導河者順水勢，自高導令就下；塞河者為河堤決溢，修塞令入河身。不聞斡引大河令就高行流也。”（乞）[於是]【一○】收回戊戌詔書。户部侍郎【一一】蘇轍、中書舍人曾肇各三上疏。轍大略言：黄河西流，議復故道。事之經歲，役兵二萬，聚（稍）[梢]【一二】椿等物三十餘萬。方河朔灾傷困弊，而興必不可成之功，吏民竊嘆。今回河大議雖寢，然聞議者固執來歲開河分水之策。今小吴決口，入地已深，而孫村所開，丈尺有限，不獨不能回河，亦必不能分水。況黄河之性，急則通流，緩則淤澱，既無東西皆急之勢，安有兩河並行之理？縱使兩河並行，未免各立堤防，其費又倍矣。今建議者其説有三，臣請析之：一曰御河湮滅，失饋運之利。昔大河在東，御河自懷、衛經北京，漸歷邊郡，饋運既便，商賈通行。自河西流，御河湮滅，失此大利，天實使然。今河自小吴北行，占壓御河故地，雖使自北京以南（析）[折]【一三】而東行，則御河湮滅已一二百里，何由復見？此御河之說不足聽也。二曰恩、冀以北，漲水為害，公私損耗。臣聞河之所行，利害相半，蓋水來雖有敗田破稅之害，其去亦有淤厚宿麥之利。況故道已退之地，桑麻千里，賦役全復，此漲水之說不足聽也。三曰河徙無常，萬一自契丹界入海，邊防失備。按河昔在東，自河以西郡縣，與契丹接境，無山河之限，邊臣建為塘水，以捍契丹之衝。今河既西，則西山一帶，契丹（河）[可]【一四】行之地無幾，邊防之利，不言可知。然議者尚恐河復北徙，則海口出契丹界中，造舟為梁，便於南牧。臣聞契丹之河，自北南注以入于海。蓋地形北高，河無北徙之道，而海口深浚，勢無徙移，此邊防之說不足聽也。臣又聞謝卿材到闕，昌言："黃河自小吳決口，乘高注北，水勢奔決，上流堤防無復決怒之患。朝廷若以河事付臣，不役一夫，不費一金，十年保無河患。"大臣以其異己罷歸，而使王孝先、俞瑾、張景先三人重畫回河之計。蓋由元老大臣重於改過，故假契丹不測之憂，以取必於朝廷。雖已遣百祿【一五】等出按利害，然未敢保其不觀望風旨也。願亟回收買（稍）[梢]【一六】草指揮，來歲勿調開河役兵，使百祿等明知[聖]【一七】意[無]【一八】所偏係，不至阿附以誤國計。肇之言曰："數年以來，河北【一九】、京東【二〇】、淮南【二一】灾傷，今歲河北並邊稍熟，而近南州軍皆旱，京東西【二二】、淮南饑殍瘡痍。若來年雖未大興河役，止令修治舊堤，開減水河，亦須調發丁夫。本路不足，則及鄰路，鄰路不足，則及淮南，民力果何以堪？民力未堪，則雖有回河之策，及（稍）[梢]【二三】草先具，將安施乎？"會百祿等行視東西二河，亦以為東流高仰，北流順下，決不可回。即奏曰：往者王令圖、張問欲開引水籤河，導水入孫村口還復故道。議者疑焉，故置官設屬，使之講議。既開撅井筒，折量地形水面尺寸高下，顧臨【二四】、王孝先、張景先、唐義問【二五】、陳祐之皆謂故道難復。而孝先獨叛其說，初乞先開減水河，俟行流通快，新河勢緩，人工物料豐備，徐議閉塞北流。已而召赴都堂，則又請以二年為期。及朝廷詰其成功，遽云："來年取水入孫村口，若河流順快，工料有備，便可閉塞，回復故道。"是又不俟新河勢緩矣。回河事大，寧容異同如此！蓋孝先、俞瑾等知［合］^{［二六］}用物料五千餘萬，未有指擬，見買數計，經歲未及毫釐，度事理終不可為，故為大言。又云："若失此時，或河勢移背，豈獨不可減水，即永無回河之理。"臣等竊謂河流轉徙，乃其常事；水性就下，固無一定。若假以五年，休養數路民力，沿河積材，漸浚故道，葺舊堤，一旦流勢改變，審議事理，釃為二渠，分派行流，均減漲水之害，則勞費不大，功力易施，安得謂之一失此時，永無回河之理也？

【校注】

【一】三，原作"二"，據明崇禎十一年（1638 年）吳士顏刻本改。

【二】右相，職官名，唐龍朔二年（662 年）改中書令稱右相。

【三】范純仁（1027—1101 年），字堯夫，宋蘇州吳縣（今屬江蘇）人，卒諡忠宣，著有《范忠宣公集》。

【四】王存（1023—1101 年），字正仲，北宋潤州丹陽（今屬江蘇）人。

【五】胡宗愈，字完夫，宋常州晉陵（今屬江蘇）人。

【六】與，原作"禦"，據《宋史·河渠志》改。

【七】光，原作"先"，據《宋史·河渠志》改。耶律德光（902—947 年），字德謹，小字堯骨，上京臨潢府（今內蒙古阿魯科爾沁旗）人，契丹族，遼第二位皇帝，廟號太宗，諡號孝武惠文皇帝。

【八】藉，原作"籍"，據《宋史·河渠志》改。

【九】所，原脫，據《宋史·河渠志》補。

【一〇】於是，原作"乞"，據《宋史·河渠志》改。

【一一】戶部侍郎，戶部屬官，戶部尚書之副，協同戶部尚書掌天下田户、均輸、錢穀之政令，宋元豐改制後設二員。

【一二】梢，原作"稍"，據《宋史·河渠志》改。

【一三】折，原作"析"，據《宋史·河渠志》改。

【一四】可，原作"河"，據《宋史·河渠志》改。

【一五】百禄，即范百禄（1030—1094年），字子功，宋成都華陽（今屬四川）人，卒諡文簡，著有《詩傳補注》及文集等。

【一六】梢，原作"稍"，據《宋史·河渠志》改。

【一七】聖，原脫，據《宋史·河渠志》補。

【一八】無，原脫，據《宋史·河渠志》補。

【一九】河北，即河北路，北宋至道三年（997年）置，治所在大名府（今河北大名），轄境相當今河北易水、雄縣、霸州和天津市海河以南，及山東、河南兩省黃河以北的大部。

【二〇】京東，即京東路，北宋至道三年（997年）置，治所在宋州（今河南商丘），轄境相當今山東徒駭河東南，山東東明、河南寧陵、柘城縣以東地區和江蘇西北角。

【二一】淮南，即淮南路，北宋初置，治所在楚州（今江蘇楚州），治平中移治揚州（今江蘇揚州），轄境南至長江，東至海，西至今湖北黃陂、河南光山等縣，北逾淮河，包括今江蘇、安徽淮北地區各一部分及河南永城、鹿邑等縣。

【二二】京東西，即京東西路，北宋熙寧七年（1074年）分京東路西部置，治所在兗州（今山東兗州），後移治應天府（宋景德時升宋州為府，在今河南商丘），轄境相當今山東泰安、河南寧陵、柘城以東，河南夏邑、安徽蕭縣和江蘇徐州以北，山東萊蕪、泗水、滕州以西地區。

【二三】梢，原作"稍"，據《宋史·河渠志》改。

【二四】顧臨，字子敦，宋會稽（今浙江紹興）人。

【二五】唐義問，字士宣，宋江陵（今屬湖北）人。

【二六】合，原脫，據《宋史·河渠志》補。

四年正月癸未，百禄等使回入對，復言：“修減水河，役過兵夫六萬三千餘人，計五百三十萬工，費錢糧三十九萬二千九百餘貫、石、（四）[匹]【一】、兩，收買物料錢七十五萬三百餘緡，用過物料二百九十餘萬條、束，官員、使臣、軍大將凡一百一十餘員請給不預焉。願罷有害無利之役，那移工料，繕築西堤，以護南決口。”未報。己亥，乃詔罷［回］【二】河及修減水河。四月戊午，尚書省【三】言：“大河東流，為中國之要險。自大吳決後，由界河入海，不惟淤壞塘濼，兼濁水入界河，向去淺澱，則河必北流。若河尾直注北界入海，則中國全失險阻之限，不可不為深慮。”詔范百禄、趙若錫條畫以聞。百禄等言：“臣等昨按行黃河獨流口至界河，又東至海口，熟觀河流形勢；并緣界河至海口鋪寨地分使臣各稱：界河未經黃河行流已前，闊一百五十步下至五十步，深一丈五尺下至一丈；自黃河行流之後，今闊至五百四十步，次亦三二百步，深者三丈五尺，次亦二丈。乃知水［性］【四】就下，行疾則自刮除成空而稍深，與《前漢書》大司馬史【五】張戎【六】之論正合。自元豐四年河出大吳，一向就下，衝入界河，行流勢如傾建。經今八年，不捨晝夜，衝刷界河，兩岸日漸開闊，連底成空，趨海之勢甚迅。雖遇元豐七年八年、元祐［元年］【七】泛漲非常，而大吳以上數百里，終無決溢之害，此乃下流歸納處河流深快之驗也。塘濼【八】有限遼之名，無禦遼之實。今之塘水，又異昔時，淺足以褰裳而涉，深足以維舟而濟，冬寒水堅，尤為坦途。如滄州等處，商胡之決即已澱淤，今四十二年，迄無邊警，亦無人言以為深憂。自回河之議起，首以此動煩聖聽。殊不思大吳初決，水未有歸，猶不北去，今入海湍迅，界河益深，尚復何慮？（籍）［藉］【九】令有此，則中國據上游，契丹豈不慮乘流擾之乎？自古（胡）［朝］【一〇】那、蕭關【一一】、雲中【一二】、朔方【一三】、定襄【一四】、雁門【一五】、上郡【一六】、太原【一七】、右北平【一八】之間，南北往來之衝，豈塘濼界河之足限哉？臣等竊謂本朝以來，未有大河安流，合於禹迹，如此之利便者。其界河向去只有深闊，加以朝夕海潮往來渲蕩，必無淺澱，河尾安得直注北界，中國亦無全失險阻之理。且河遇平壤灘（慢）［漫］【一九】，行流稍遲，則泥沙留淤；若趨深走下，湍激奔騰，惟有刮除，無由淤積，不至上煩聖慮。”七月己巳朔，冀州南宮【二〇】等五埽危急，詔撥提舉修河司物料百萬與之。甲午，都水監言：“河為中國患久矣，自小吳決後，泛濫未著河槽，前後遣官相度非一，終未有定論。以為北流無患，則前二年河決南宮下埽，去三年決上埽，今四年決宗城中埽，豈是北流可保無虞？以為大河臥東，則南宮、宗城【二一】皆在西岸；以為臥西，則冀州信都、恩州清河、武邑或決，皆在東岸。要是大河千里，未見歸納經久之計，所以昨相度第三、第四鋪分決漲水，少紓目前之急。繼又宗城決溢，向下包蓄不定，雖欲不為東流之計，不可得也。河勢未可全奪，故為二股之策。今相視新開第一口，水勢湍猛，發泄不及，已不候工畢，更撥沙河堤第（一）［二］【二二】口泄減漲水，因而二股分行，以紓下流之患。雖未保冬夏常流，已見有可為之勢。必欲經久，遂作二股，仍較今所修利害孰為輕重，有司具析保明以聞。”八月丁未，翰林學士蘇轍言：“夏秋之交，暑雨頻并。河流暴漲出岸，由孫村東行，蓋每歲常事。而李偉與河埽使臣因此張皇，以分水為名，欲發回河之議，都水監從而和之。河事一興，求無不可，況大臣以其符合己説而樂聞乎？臣聞河道西行孫村側左，大約入地二丈以來，今所報漲水出岸，由新開口地東入孫村，不過六七尺。欲因六七尺漲水，而奪入地二丈河身，雖三尺童子，知其難矣。然朝廷遂為之遣都水使者，興兵功，開河道，進鋸牙，欲約之使東。方河水盛漲，其西行河道若不斷流，則遏之東行，實同兒戲。臣願急命有司，徐觀水勢所向，依纍年漲水舊例，因其東溢，引入故道，以紓北京朝夕之憂。故道堤防壞決者，第略加修葺，免其決溢而已。至於開河、進約等事，一切毋得興功，俟河勢稍定然後議。不過一月，漲水既落，則西流之勢，決無移理。兼聞孫村出岸漲水，今已斷流，河上官吏未肯奏知耳。"是時，吳安持[二三]與李偉力主東流，而謝卿材[二四]謂"近歲河流稍行地中，無可回之理"，上《河議》一編。召赴政事堂[二五]會議，大臣不以為然。癸丑，三省、樞密院言："繼日霖雨，河上之役，恐煩聖慮。"太后曰："訪之外議，河水已東復故道矣。"乙丑，李偉言："已開撥北京南沙河[二六]直堤第三鋪，放水入孫村口故道通行。"又言："大河已分流，（既）[即][二七]更不須開淘。因昨來一決之後，東流自是順決，渲刷漸成港道。見今已為二股，約奪大河三分以東，若得夫二萬，於九月興工，至十月寒凍時可畢。因引導河勢，豈止為二股通行而已，亦將遂為回奪大河之計。今來既因擗捝東流，修全鋸牙，當迤邐增進一埽，而取一埽之利，比至來年春、夏之交，遂可全復故道。朝廷今日當極力必閉北流，乃為上策。若不明詔有司，即令回河，深恐上下遷延，議終不決，觀望之間，遂失機會。乞復置修河司。"從之。

【校注】

【一】匹，原作"四"，據《宋史·河渠志》改。

【二】回，原脫，據《宋史·河渠志》補。

【三】尚書省，全國最高行政機構，理天下之庶政。

【四】性，原脫，據《宋史·河渠志》補。

【五】大司馬史，職官名，為最高軍政長官。

【六】張戎，字仲功，西漢末長安（今屬陝西）人。

【七】元年，原脫，據《宋史·河渠志》補。

【八】塘濼，北宋在河北地區建設的一種特殊的國防工程，是由溝渠、河泊、水澤、水田等構成的一種水網的總稱。

【九】藉，原作“籍”，據《宋史·河渠志》改。

【一〇】朝，原作“胡”，據《宋史·河渠志》改。

【一一】蕭關，今寧夏固原市東南。

【一二】雲中，戰國趙武靈王築，在今內蒙古托克托縣東北古城鄉古城村西古城。

【一三】朔方，又稱靈武、靈州，唐開元九年（721年）置，治所在靈州（今寧夏吳忠）。

【一四】定襄，即定襄郡，治所在成樂縣（今內蒙古和林格爾縣西北盛樂鎮古城），轄境相當今內蒙古和林格爾、清水河、卓資、察哈爾右翼中旗等地。

【一五】雁門，即雁門郡，治所在善無縣（今山西右玉縣南），轄境相當今山西河曲、五寨、寧武等縣以北，恒山以西，內蒙古黃旗海、岱海以南地。

【一六】上郡，治所在膚施縣（今陝西綏德）。

【一七】太原，即太原郡，戰國秦莊襄王四年（前246年）置，治所在晉陽縣（今山西太原市西南）。

【一八】右北平，即右北平郡，西漢移治平剛縣（今遼寧凌源市西南），轄境相當今河北承德、天津市薊縣以東（長城南灤河流域及其以東除外），遼寧大凌河上游以南，六股河以西地區。

【一九】漫，原作“慢”，據《宋史·河渠志》改。

【二〇】南宮堝，今河北南宮市西北。

【二一】宗城，即宗城縣，北宋屬大名府，治所在今河北威縣東南。

【二二】二，原作“一”，據《宋史·河渠志》改。

【二三】吳安持，宋浦城（今屬福建）人。

【二四】謝卿材，字仲適，宋臨淄（今屬山東）人。

【二五】政事堂，宋宰相辦公處，宋初以中書門下官署為政事堂，元豐改制後撤銷中書門下，將政事堂移於尚書省都堂。

【二六】南沙河，今北京海淀區西北。

【二七】即，原作“既”，據《宋史·河渠志》改。

五年正月丁亥，梁燾[一]言：“朝廷治河，東流北流，本無一偏之私。今東流未成，邊北之州縣未至受患，其役可緩；北流方悍，邊西之州縣，日夕可憂，其備宜急。今傾半天下之力，專（言）[事][二]東流，而不加一夫一草於北流之上，得不誤國計乎！去年屢決之害，全由堤防無備。臣願嚴責水官，修治北流埽岸，使（一）[二][三]方均被惻隱之恩。”二月己亥，詔開修減水河。辛丑，乃詔三省、樞密院：“去冬愆雪，今未得雨，外路旱暵闊遠，宜權罷修河。”戊申，蘇轍言：“臣去年使契丹，過河北，見州縣官吏，訪以河事，皆相視不敢正言。及今年正月，還自契丹，所過吏民，方舉手相慶，皆言近有朝旨罷回河大役，命下之日，北京之人，驩呼鼓舞。惟減水河役遷延不止，耗蠹之事，十存四五，民間竊議，意大臣業已為此，勢難遽回。既為聖鑒所臨，要當迤邐盡罷。今月六日，果蒙聖旨，以旱災為名，權罷修黃河，候今秋取旨。大臣覆奏盡罷黃河東、北流及諸河功役，民方憂旱，聞命踴躍，實荷聖恩。然臣竊詳聖旨，上合天意，下合民心。因水之性，功力易就，天語激切，中外聞者或至泣下，而大臣奉行，不得其平。由此觀之，則是大臣所欲，雖害物而必行；陛下所為，雖利民而不聽。至於委曲回避，巧為之說，僅乃得行，君權已奪，國勢倒植。臣所謂君臣之間，逆順之際，大為不便者，此事是也。黃河既不可復回，則先罷修河司，只令河北轉運司盡將一道兵功，修貼北流堤岸；罷吳安持、李偉都水監差遣，正其欺罔之罪，使天下曉然知聖意所在。如此施行，不獨河事就緒，天下臣庶，自此不敢以虛誑欺朝廷，弊事庶幾漸去矣。”八月甲辰，提舉東流故道李偉言："大河自五月後日益暴漲，始由北京南沙堤第七鋪決口，水出於第三、第四鋪并清豐[四]口一并東流。故道河槽深三丈至一丈以上，比去年尤為深快，頗減北流橫溢之患。然今已秋深，水當減落，若不稍加措置，慮致斷絕，即東流遂成淤澱。望下所屬官司，經畫沙堤等口分水利害，免淤故道，上誤國事。"詔吳安持與本路監司[五]、北外丞司[六]及李偉按視，具合措置事連書以聞。九月，中丞[七]蘇轍言："修河司若不罷，李偉若不去，河水終不得順流，河朔生靈終不得安居。乞速罷修河司，及檢舉六年四月庚子，敕竄責李偉。"

【校注】

【一】梁燾（1034—1097年），字況之，宋鄆州須城（今屬山東）人。

【二】事，原作"言"，據《宋史·河渠志》改。

【三】二，原作"一"，據《宋史·河渠志》改。

【四】清豐，古地名，今河南清豐。

【五】監司，負有監察之責的官吏，宋諸路轉運使、提點刑獄、提舉常平等均兼按察之任，亦稱監司。

【六】外丞司，官吏機構，外丞即宋外都水丞省稱，掌治渠堤水門、陂池灌溉及收取漁澤之稅。

【七】中丞，職官名，即御史中丞，為御史臺長官，受公卿奏事，舉劾案章，以通內外兩朝，助君主決斷。

七年三月，以吏部郎中[一]趙偁權河北轉運使。偁素與安持等議不協，嘗（主）[上][二]《河議》，其略曰："自頃有司回河幾三年，功費騷動半天下，復為分水又四年矣。故所謂分水者，因河流、相地勢導而分之。今乃橫截河流，置埽約以扼之，開浚河門，徒為淵澤，其狀可見。況故道千里，其間又有高處，故累歲漲落輒復自斷。夫河流有逆順，地勢有高下，非朝廷可得而見，職在有司，朝廷任之亦信矣，患有司不自信耳。臣謂當繕大河北流兩堤，復修宗城棄堤，閉宗城口，廢上、下約，開闢村^{【三】}河門，使河流湍直，以成深道。聚三河工費以治一河，一二年可以就緒，而河患庶幾息矣。願以河事并都水條例一付轉運司，而總以工部，罷外丞司使，措置歸一，則職事可舉，弊事可去。”四月，詔：“南北外兩丞司管下河埽，今後令河北京西轉運使、副、判官^{【四】}、府界提點^{【五】}分認界至，內河北仍於銜內帶‘兼管南北外都水公事’。”十月辛酉，以大河東流，賜都水使吳安持三品服，北都水監丞李偉再任。

【校注】

【一】吏部郎中，吏部官員，宋同唐制，為吏部下所屬吏部司的主官，掌天下官吏選授、勳封、考課之政令。

【二】上，原作“主”，據《宋史·河渠志》改。

【三】闢村，今河北秦皇島市盧龍縣石門鎮。

【四】判官，職官名，宋時節度使、觀察、防禦、團練、宣撫、安撫、制置、轉運、常平等使，亦有判官處理公事，為輔佐。

【五】提點，職官名，宋有各路提點刑獄公事、提點府界公事，掌司法和刑獄。

八年二月乙卯，三省奉旨：“北流軟堰，並依都水監所奏。”門下侍郎^{【一】}蘇轍奏：“臣嘗以謂軟堰不可施於北流，利害甚明。蓋東流本人力所開，闊止百餘步，冬月河流斷絕，故軟堰可為。今北流是大河正流，比之東流，何止數倍，見今河水行流不絕，軟堰何由能立？蓋水官之意，欲以軟堰為名，實作硬堰，陰為回河之計耳。朝廷既覺其意，則軟堰之請，不宜復從。”趙偁亦上議曰：“臣竊謂河事大利害有三，而言者互進其說，或見近忘遠，僥倖盗功，或取此捨彼，譸張昧理。遂使大利不明，大害不去，上惑朝聽，下滋民患，橫役枉費，殆無窮已，臣切痛之。所謂大利害者：北流全河，患水不能分也；東流分水，患水不能行也；宗城河決，患水不能閉也。是三者，去其患則為利，未能去則為害。今不謀此，而議欲專閉北流，止知一日可閉之利，而不知異日既塞之患，止知北流伏槽之水易為力，而不知關村方漲之勢，未可并以入東流也。夫欲合河以為利，而不恤上下壅潰之害，是皆近見忘遠，僥倖盜功之事也。有司欲斷北流而不執其咎，乃引分水為説，姑為軟堰；知河衝之不可以軟堰禦，則又為決堰之計。臣恐枉有工費，而以河為戲也。請俟漲水伏槽，觀大河之勢，以治東流、北流。”五月，水官卒請進梁村[二]上、下約，束狹河門。既涉漲水，遂壅而潰。南犯德清[三]，西決內黃，東淤梁村，北出闞村，宗城決口復行魏店[四]，北流因淤遂斷，河水四出，壞東郡浮梁。十二月丙寅，監察御史[五]郭知章[六]言：“臣此緣使事至河北，自澶州入北京，渡孫村口，見水勢趨東者，河甚闊而深；又自北京往洺州[七]，過楊家淺口復渡，見水之趨北者，纔十之二三，然後知大河宜閉北行東。乞下都水監相度。”於是吳安持復兼領都水，即建言：“近準朝旨，已堰斷魏店刺子，向下北流一股斷絶，然東西未有堤岸，若漲水稍大，必披灘漫出，則平流在北京、恩州界，為害愈甚。乞塞梁村口，縷張包口，開青豐[八]口以東雞爪河，分殺水勢。”呂大防以其與己意合，向之。詔同北京留守相視。時范純仁復為右相，與蘇轍力以為不可。遂降旨：“令都水監與本路安撫[九]、轉運、提刑司[一〇]共議，可則行之，有異議速以聞。”紹聖元年正月也。是時，轉運使趙偁深不以為然，提刑上官均[一一]頗助之。偁之言曰：“河自孟津初行平地，必須全流，乃成河道。禹之治水，自冀北抵滄、棣，始播為九河，以其近海無患也。今河自橫壟、六塔、商胡、小吳，百年之間，皆從西決，蓋河徙之常勢。而有司置埽創約，橫截河流，回河不成，因為分水。初決南（京）[宫][一二]，再決宗城，三決內黃，亦皆西決，則地勢西下，較然可見。今欲弭息河患，而逆地勢，戾水性，臣未見其能就功也。請開闞村河門，修平鄉[一三]鉅鹿埽、焦家[一四]等堤，浚澶淵故道，以備漲水。"大名安撫使[一五]許將[一六]言："度今之利，若捨故道，止從北流，則慮河下流已湮，而上流橫潰，為害益廣。若直閉北流，東徙故道，則復慮受水不盡，而（被）[破][一七]堤為患。竊[謂][一八]宜因梁村之口以行東，因內黃之口以行北，而盡閉諸口，以絶大名諸州之患。俟春夏水大至，乃觀故道，足以受之，則內黃之口可塞；不足以受之，則梁村之役可止。定其成議，則民心固而河之順復有時，可以保其無害。"詔："吳安持同都水丞鄭佑，與本路安撫、轉運、提刑司官，具圖、狀保明聞奏，即有未便，亦具利害來上。"三月癸酉，監察御史郭知章言："河復故道，水之趨東，已不可遏。近日遣使按視，巡司議論未一。臣謂水官朝夕從事河上，望專[委][一九]之"。乙亥，呂大防罷相。六月，右正言[二〇]張商英[二一]奏言："元豐間河決南宮口，講議累年。先帝嘆曰：'神禹復生，不能回此河矣。'乃敕自今後不得復議回河閉口，蓋採用漢人之論，俟其泛濫自定也。元祐初，文彥博、呂大防以前敕非是，拔吳安持為都水使者，委以東流之事。京東、河北五百里（外）[內][二二]差夫，五百里外出錢雇夫，及支借常平倉司錢買（稍）[梢][二三]草，斬伐榆柳。凡八年而無寸尺之效，乃遷安持太僕卿[二四]，王宗望[二五]代之。宗望至，則劉奉世[二六]猶以彥博、大防餘意，力主東流，以梁村口吞納大河。今則梁村口淤澱，而開沙堤兩處決口以泄水矣。前議累七十里堤以障北流，今則云俟霜降水落興工矣。朝廷咫尺，不應九年為水官蔽欺如此。九年之內，年年礬山水漲，霜降水落，豈獨今年始有漲水，而待水落乃可以興工耶？乞遣使按驗虛實，取索回河以來公私費錢糧、（稍）[梢][二七]草，依仁宗朝六塔河施行。"會七月辛丑，廣武埽危急，詔王宗望亟往救護。壬寅，帝謂輔臣曰："廣武去洛河不遠，須防漲溢下灌京師，已遣中使視之。"輔臣出圖、狀以奏曰："此由黃河北岸生灘，水趨南岸。今雨止，河必減落，已下水官，與洛口官同行按視，為籤堤及去北岸嫩灘，今河順直，則無患矣。"八月丙子，權工部侍郎吳安持等言："廣武埽危急，刷塌堤身二千餘步處，地形稍高。自鞏縣東七里店至見今洛口，約不滿十里，可以別開新河，引導河水近南行流，地步至少，用功甚微。王宗望行視并開井筒，各稱利便外，其南築大堤，工力浩大，乞下合屬官司，躬往相度保明。"從之。十月丁酉，王宗望言："大河自元豐潰決以來，東、北兩流，利害極大，頻年紛爭，國論不決，水官無所適從。伏自奉詔凡九月，上稟成算，自闞村下至栲栳堤七節河門，並皆閉塞。築金堤七十里，盡障北流，使全河通還故道，以除河患。又自闞村下至海口，補築新舊堤防，增修疏浚河道之淤淺者，雖盛夏漲潦，不至壅決。望付史官，紀紹聖以來聖明獨斷，致此成績。"詔宗望等具析修閉北流部役官等功力［等］【二八】第以聞。然是時東流堤防未（幾固繕）［及繕固］【二九】，瀕河多被水患，流民入京師，往往泊御廊及僧舍。詔給券，諭令還本土以就賑濟。己酉，安持又言："準朝旨相度開浚澶州故道，分減漲水。按澶州本是河行舊道，頃年曾乞開修，時以東西地形高仰，未可興工。欲乞且行疏導燕家河，仍令所屬先次計度合增修一十一埽所用工料。"詔："令都水監候來年將及漲水月分，先具利害以聞。"癸丑，三省、樞密院言："元豐八年，知澶州王令圖議，乞修復大河故道。元祐四年，都水使者吳安持，因紓南宮等埽危急，遂就孫村口為回河之策。及梁村進約東流，孫村口窄狹，德清軍等處皆被水患。今春，王宗望等雖於內黃下埽閉斷北流，然至漲水之時，猶有三分水勢，而上流諸埽已多危急，下至將陵埽決壞民田。近又據宗望等奏，大河自閉塞闞村而下，及創築新堤七十餘里，盡閉北流，全河之水，東還故道。今訪聞東流向（西）［下］【三〇】，地形已高，水行不快。既閉斷北流，將來盛夏，大河漲水全歸故道，不惟舊堤損缺怯薄，而闞村新堤，亦恐未易枝梧。兼京城上流諸處埽岸，慮有壅滯衝決之患，不可不預為經畫。"詔："權工部侍郎吳安持、都水使者王宗望、監丞【三一】（郭）［鄭］【三二】佑同北外監丞司，自闞村而下直至海口，逐一相視，增修疏浚，不致壅滯衝決。"丙辰，張商英又言："今年已閉北流，都水監長貳[三三]交章稱賀，或乞付史官，則是河水已歸故道，止宜修緝堤埽，防將來衝決而已。近聞王宗望、李仲卻欲開澶州故道以分水，吳安持乞候漲水前相度。緣開澶州故道，若不與今東流底平，則纔經水落，立見淤塞。若與底平，則從初自合閉口回河，何用九年費財動眾？安持稱候漲水相度，乃是悠悠之談。前來漲水并今來漲水，各至澶州、德清軍界，安持首尾九年，豈得不見。更欲延至明年，乃是狡兔三穴，自為潛身之計，非公心為國事也。況立春漸近調夫，如是時不早定議，又留後說，邦財民力，何以支持？訪聞先朝水官孫民先、元祐六年水官賈種民各有《河議》，乞取索照會。召前後本路監司及經歷河事之人，與水官詣都堂反覆詰難，務取至當，經久可行。"朱光庭[三四]上疏曰："河之所以可治，朝廷難以遙度，責在水官任職而已。其所用物料，所役兵夫，水官既任責，則朝廷自合應副，將來成功，則當不惜重賞。設或敗事，亦當必行重責。伏乞朝廷指揮，下修河司，取責水官，委實可以回復大河，結罪狀，庶使身任其責，以實從事，不至朝廷有所過舉。"

【校注】

【一】門下侍郎，職官名，宋神宗改定官制，虛設三省，以尚書左僕射兼門下侍郎，行侍中之職，又另置門下侍郎，代參知政事為輔佐。

【二】梁村，即梁村集，今山東高唐縣北梁村鎮。

【三】德清，即德清軍，北宋慶曆四年（1044 年）徙清豐縣於此，治所在今河南清豐縣西北十八里古城鄉。

【四】魏店，今河北大名縣東南。

【五】監察御史，職官名，掌分察百官、巡按郡縣、糾視刑獄、整肅朝儀、分察六部、監倉庫等事。

【六】郭知章（1040—1114年），字明淑，北宋吉州龍泉縣光化鄉嶺上（今屬江西）人。

【七】洺州，治所在永年縣（今河北永年縣東南城關鎮），轄境相當今河北邯鄲、雞澤、永年、曲周、邱縣、肥鄉、武安等市縣地。

【八】青豐，即清豐縣，治所在今河南清豐縣。

【九】安撫司，宋置於諸路，地方行政區劃之一。

【一〇】提刑司，提點刑獄司的簡稱，掌糾察本路獄訟、訊問囚徒、詳覆案牘、巡查盜賊以及舉刺官吏等事，並有稽察漕司之權。

【一一】上官均（1038—1115年），字彥衡，宋邵武（今屬福建）人，著有《曲禮講義》《廣陵文集》等。

【一二】官，原作“京”，據《宋史·河渠志》改。

【一三】平鄉，即平鄉縣，元祐初屬信德府，治所在今河北平鄉縣西南平鄉鎮。

【一四】焦家，即焦家鎮，今陝西周至縣東南。

【一五】安撫使，職官名，宋安撫使處理路一級地區的軍民事務。

【一六】許將（1037—1111年），字沖元，宋福州閩縣（今屬福建）人，卒諡文定，改文恪，著有《許文定集》。

【一七】破，原作“被”，據《宋史·河渠志》改。

【一八】謂，原脫，據《宋史·河渠志》補。

【一九】委，原脫，據《宋史·河渠志》補。

【二〇】右正言，職官名，宋中書省屬官，掌諫議。

【二一】張商英（1043—1121年），北宋蜀州新津（今屬四川）人，著有《友松閣遺稿》等。

【二二】內，原作“外”，據《宋史·河渠志》改。

【二三】梢，原作“稍”，據《宋史·河渠志》改。

【二四】太僕卿，職官名，太僕寺長官，掌輿馬及畜牧之事。

【二五】王宗望（1023—1099年），字磻叟，宋光州固始（今屬河南）人。

【二六】劉奉世（1041—1113年），字仲馮，宋臨江軍新喻（今屬江西）人。

【二七】梢，原作"稍"，據《宋史·河渠志》改。

【二八】等，原脱，據《宋史·何渠志》補。

【二九】及繕因，原作"幾固繕"，據《宋史·河渠志》改。

【三〇】下，原作"西"，據《宋史·河渠志》改。

【三一】監丞，職官名，監的副官，掌判監事。

【三二】鄭，原作"郭"，據《宋史·河渠志》改。

【三三】長貳，指官的正副職。

【三四】朱光庭（1037—1094年），字公掞，宋河南偃師（今河南偃師）人。

范祖禹【一】上疏曰："臣聞周靈王之時，穀、洛水鬥，將毀王宮。王欲壅之，太子晉諫，以為不可。今大河豈穀、洛之比，又無王宮之害，以何理而欲塞之也？韓聞秦之好興事，欲疲之，無令東伐，乃使水工鄭國【二】為之間以說秦，令鑿（經）[涇]【三】水為渠溉田。夫（一以）[以一渠]【四】猶能疲秦，使無東伐。今回河之役不知幾渠，而自困民力，自竭國用，又多殺人命，[有]【五】不可勝言之害，此乃西北二虜所（奉）[幸]【六】也。今之河流方稍復大禹舊迹，入界河（超）[趨]【七】海，初無擁（底）[滯]【八】，萬壑所聚，其來遠大，必無可（塞）[回]【九】之理，自古無有容易塞河之事。乞以數路生民為念，以國家安危、朝廷輕重為急，速賜指揮停罷修河。今將大冬盛寒，宜早降德澤，免生民飢凍死亡，正李偉等欺罔之罪。昨開第三、第四鋪，而第七鋪潰決，殆非人意所料，恐將來閉塞，必有不測之患。"范純仁上疏曰："臣聞堯、舜之治，不過知人安民，知人則不輕信，安民則不妄動。[緣小人

之］【一〇】情，希［功］【一一】好進，行險生事，於聖明無事之朝，則必妄説利
害，覬朝廷舉事，以求爵賞。朝廷若輕信其言，則民不安矣。百姓久勞，方
賴陛下安養，不急之務，不可遽興。蒙陛下專遣范百禄、趙君錫【一二】相
度，歸陳回河之害甚明，尋蒙宸斷，復詔大臣，令速罷修河司。臣預奉行詔
旨，深以復見堯、舜知人安民為慶。三兩月來，却聞孫村有溢岸水，自然東
行，議者以（謂）［為］【一三】可因水勢以成大利，朝廷遂捨向來范百禄、趙
君錫之議，而復興回河之役。臣觀今之舉動次第，是用‘時不可失’之説，
而欲竭力必成。臣更不敢以難成［及］【一四】雖成三五年間必有［決］【一五】
溢為慮，（只且）［且只］【一六】且以河水東流之後，增添兩岸堤防鋪分大（設）
［段］【一七】數多，逐年防守之費，所加數倍，［則］財【一八】用之耗蠹與生民
之勞擾，無有已時。更望聖慈特降睿旨，再下有司，預（行）［約］【一九】回
河之（設）［後］【二〇】逐年兩岸埽鋪防（扦）［捍］【二一】工費，比之今日所增
幾何，及逐年（致）［錢］【二二】物於甚處［出］【二三】辦，則利害灼然可見。
［若］【二四】利多害少，尚覬（稔）［徐］【二五】圖，苟利少害多，尤宜安静。
定議歸一，庶免以有限之財，事無涯之功。”紹聖二年七月戊午，詔：“沿黄
河州軍，河防決溢，並即申奏。”

【校注】

【一】范祖禹（1041—1098 年），字淳甫，一字夢得，宋成都華陽（今
屬四川）人，卒諡正獻，著有《范太史集》等。

【二】鄭國，戰國時韓國人，善治水。

【三】涇，原作“經”，據史實改。

【四】以一渠，原作“一以”，據《續資治通鑑長編》卷四三四（中華書
局 2004 年版）改。

【五】有，原脱，據《續資治通鑑長編》卷四三四補。

【六】幸，原作"奉"，據《續資治通鑑長編》卷四三四改。

【七】趨，原作"超"，據《續資治通鑑長編》卷四三四改。

【八】滯，原作"底"，據《續資治通鑑長編》卷四三九改。

【九】回，原作"塞"，據《續資治通鑑長編》卷四三四改。

【一〇】緣小人之，原脱，據《續資治通鑑長編》卷四三八補。

【一一】功，原脱，據《續資治通鑑長編》卷四三八補。

【一二】趙君錫，字無愧，宋河南洛陽（今河南洛陽）人。

【一三】為，原作"謂"，據《續資治通鑑長編》卷四三四改。

【一四】及，原脱，據《續資治通鑑長編》卷四三八補。

【一五】決，原脱，據《續資治通鑑長編》卷四三四。

【一六】且只，原倒，據《續資治通鑑長編》卷四三四改。

【一七】叚，原作"設"，據《續資治通鑑長編》卷四三四改。

【一八】則，原脱，據《續資治通鑑長編》卷四三四補。

【一九】約，原作"行"，據《續資治通鑑長編》卷四三八改。

【二〇】後，原作"设"，據《續資治通鑑長編》卷四三八改。

【二一】捍，原作"扞"，據《續資治通鑑長編》卷四三四改。

【二二】錢，原作"致"，據《續資治通鑑長編》卷四三八改。

【二三】出，原脱，據《續資治通鑑長編》卷四三四補。

【二四】若，原脱，據《續資治通鑑長編》卷四三八補。

【二五】稔，原作"徐"，據《續資治通鑑鑒長編》卷四三八改。

元符二年二月乙亥，北外都水丞李偉言："相度大小河門，乘此水勢衰弱，並先修閉，各立蛾眉埽鎮壓。乞次於河北，京東兩路差正夫三萬人，其他夫數，令修河官和雇。"三月丁巳，偉又乞於澶州之南大河身内，開小河一道，以待漲水，紓解大吳口下注北京一帶向著之患。並徙之。六月末，河決內黃口，東流遂斷絕。八月甲戌，詔："大河水勢十分北流，其以河事付轉運司，責州縣共力救護堤岸。"辛丑，左司諫王祖道【一】請正吳安持、鄭佑、李仲、李偉之罪，投之遠方，以明先帝北流之志。詔可。

【校注】

【一】王祖道（1039—1108 年），字若惠，宋福建閩縣（今福建福州）人。

三年正月（乙）［己］【一】卯，徽宗即位。鄭佑、吳安持輩皆用登極大赦，次第［牽］【二】復。中書舍人張商英繳（奉）［奏］【三】："（祐）［佑］【四】等昨主回河，皆違神宗北流之意。"不聽。商英又嘗論水官非其人，治河當行其所無事，一用堤障，猶塞兒口止其啼也。三月，商英復陳五事：一曰行古沙河口；二曰復平恩四埽；三曰引大河自古漳河、浮河入海；四曰築御河西堤，而開東堤之積；五曰開（水）［木］【五】門口，泄徒駭河東流。大要欲隨地勢疏浚入海。

【校注】

【一】己，原作"乙"，據《宋史·河渠志》改。

【二】牽，原脱，據《宋史·河渠志》補。

【三】奏，原作"奉"，據《宋史·河渠志》改。

【四】佑，原作"祐"，據《宋史·河渠志》改。

【五】木，原作"水"，據《宋史·河渠志》改。

《治河通考》卷之七

議河治河考

宋

徽宗

建中靖國元年春，尚書省言："自去夏蘇村[一]漲水，後來全河漫流，今已淤高三四尺，宜立西堤。"詔都水使者魯君貺[二]同北外丞司經度之。於是左正言[三]任伯雨[四]奏：河為中國患，二千歲矣。自古竭天下之力以事河者，莫如本朝。而徇眾人偏見，欲屈大河之勢以從人者，莫甚於近世。臣不敢遠引，（秪）[祇][五]如元祐末年，小吳決溢，議者乃譎謀異計，欲立奇功，以邀厚賞。不顧地勢，不念民力，不惜國用，力建東流之議。當洪流中，立馬頭，設鋸齒，（稍）[梢][六]芻材木，耗費百倍。力遏水勢，使之東注，陵虛駕空，非特行地上而已。增堤益防，惴惴恐決，澄沙淤泥，久益高仰，一旦決潰，又復北流。此非堤防之不固，亦理勢之必至也。昔禹之治水，不獨行其所無事，亦未嘗不因其變以導之。蓋河流混濁，（淤）[泥][七]沙相半，流行既久，迤邐淤澱，則久而必決者，勢不能變也。或北而東，或東而北，亦安可以人力制哉！為今之策，正宜因其所向，寬立堤防，約攔水勢，使不至大段漫流。若恐北流淤澱塘泊，亦（秪）[祇][八]宜因塘泊之岸，增設堤防，乃為長策。風聞近日，又有議者獻東流之計。不獨比年灾傷，居民流散，公私匱竭，百無一有，事勢窘急，固不可為；抑（以）［亦］【九】自高注下，湍流奔猛，潰決未久，勢不可改。設若興工，公私徒耗，殆非利民之舉，實自困之道也。

【校注】

【一】蘇村，今河南開封市東南。

【二】魯君貺，宋時人，元符三年（1100 年）以都水使者專切應副茶場水磨。

【三】左正言，職官名，掌規諫。

【四】任伯雨（1047—1119 年），字德翁，宋眉州眉山（今屬四川）人，謚忠敏，著有《春秋繹聖新傳》。

【五】祇，原作“秖”，據《宋史·河渠志》改。

【六】梢，原作“稍”，據《宋史·河渠志》改。

【七】泥，原作“洰”，據《宋史·河渠志》改。

【八】祇，原作“秖”，據《宋史·河渠志》改。

【九】亦，原作“以”，據《宋史·河渠志》改。

崇寧三年十月，臣僚言：“昨奉詔措置大河，即由西路歷沿邊州軍，回至武強縣【一】，循河堤至深州，又北下衡水縣【二】，乃達于冀。又北（度）［渡］【三】河過遠來鎮，及分遣屬僚相視恩州之北河流次第。大抵水性無有不下，引之就高，決不可得。況西山積水，勢必欲下，各因其勢而順導之，則無壅遏之患。”詔開修直河，以殺水勢。

【校注】

【一】武强縣，治所在今河北武强縣西南街關鎮（舊武强鎮）。

【二】衡水縣，治所在今河北衡水市西南十五里舊城。

【三】渡，原作"度"，據《宋史·河渠志》改。

四年二月，工部言："乞修蘇村等處運糧河堤為正堤，以支漲水，較修棄堤直堤，可減工四十四萬、料七十一萬有奇。"從之。閏二月，尚書省言："大河北流，合西山諸水，在深州武强、瀛州樂壽【一】埽，俯瞰雄【二】、霸【三】、莫州【四】及沿邊塘濼，萬一決溢，為害甚大。"詔增二埽堤及儲蓄，以備漲水。是歲，大河安流。五年二月，詔滑州繫浮橋於北岸，仍築城壘，置官兵守護之。八月，葺陽武副堤。

【校注】

【一】樂壽，即樂壽縣，治所在今河北獻縣西南。

【二】雄州，治所在歸信縣（今河北雄縣），轄境相當今河北雄縣、容城縣地。

【三】霸州，治所在永清縣（今河北霸州），轄境相當今河北霸州市及其東南至子牙河一帶。

【四】莫州，治所在任丘縣（今河北任丘），轄境相當今河北保定、任丘二市及清苑、文安等縣地，後漸縮。

大觀元年二月，詔於陽武上埽第五鋪開修直河至第十五鋪，以分減水勢。有司言："河身當長三千四百四十步，面闊八十尺，底闊五丈，深七尺，計役十萬七千餘工，用人夫三千五百八十二，凡一月畢。"從之。十二月，工部員外郎【一】趙霆言："南北兩丞司合開直河者，凡為里八十有七，用緡錢

八九萬。異時成功，可免河防之憂，而省久遠之費。"詔從之。二年五月，
霆上免夫之議，大略謂："黃河調發人夫修築埽岸，每歲春首，騷動數路，常
至敗家破產。今春滑州魚池埽合起夫役，嘗令送免夫之直，用以買土，增貼
埽岸，比之調夫，反有（嬴）[贏]^{【二】}餘。乞詔有司，應堤埽合調春夫，並
依此例，立為永法。"詔曰："河防夫工，歲役十萬，濱河之民，困於調發。
可上戶出錢免夫，下戶出力充役，其相度條畫以聞。"丙申，邢州言河決，
陷鉅鹿縣。詔遷縣於高地。又以趙州^{【三】}隆平^{【四】}下濕，亦遷之。六月己卯，
都水使者吳玠^{【五】}言："自元豐間小吳口決，北流入御河，下合西山諸水，至
（青）[清]^{【六】}州獨流寨三叉口入海。雖深得保固形勝之策，而歲月浸久，
侵犯塘堤，衝壞道路，齧損城寨。臣奉詔修治堤防，禦捍漲溢。然築八尺之
堤，當九河之尾，恐不能敵。若不遇有損缺，逐旋增修，即又至隳壞，使與
塘水相通，於邊防非計也。乞降旨修葺。"從之。三年八月，詔沈純誠^{【七】}開
撩兔源河^{【八】}，兔源在廣武埽對岸，分減埽下漲水也。

【校注】

【一】工部員外郎，職官名，工部屬官，工部員外郎之副，掌工部所屬
工部司事。

【二】贏，原作"嬴"，據《宋史·河渠志》改。

【三】趙州，治所在平棘縣（今河北趙縣），轄境相當今河北寧晉、元氏、
趙縣、贊皇、高邑、欒城、臨城、柏鄉等縣及隆堯縣一部分。

【四】隆平，即隆平縣，北宋大觀二年（1108年）移治今隆堯縣，屬趙州。

【五】吳玠（1093—1139年），字晉卿，宋德順軍水洛城（今屬甘肅）人，
謚武安。

【六】清，原作"青"，據《宋史·河渠志》改。

【七】沈純誠，宋湖州德清縣（今屬浙江）人。

【八】兔源河，原脱，據《宋史·河渠志》補。

政和四年十一月，都水使者孟昌齡[一]言："今歲夏秋漲水，河流上下並行中道，滑州浮橋不勞解拆，大省歲費。"詔許稱賀，官吏推恩有差。昌齡又獻議導河大伾，可置永遠浮橋，謂："河流自大伾之東而來，直大伾山西，而止數里，方回南，東轉而過，復折北而東，則又直至大伾山之東，亦止不過十里耳。視地形水勢，東西相直徑易，曾不十（里餘）[餘里][二]間，且地勢低下，可以成河，倚山可為馬頭；又有中潬，正如河陽。若引使穿大伾大山及東北二小山，分為兩股而過，合於下流，因是三山為趾，以繫浮梁，省費數十百倍，可寬河朔諸路之役。"朝廷喜而從之。

【校注】

【一】孟昌齡，北宋東京開封府（今河南開封）人。

【二】曾不十里餘，應為"曾不十餘里"之誤，據《宋史·河渠志》改。

五年六月癸丑，降德音于河北、京東、京西路，其略曰："鑿山醴渠，循九河既道之迹；為梁跨趾，成萬世永賴之功。役不踰時，慮無愆素。人絕往來之阻，地無南北之殊。靈祇懷柔，黎庶呼舞。眷言朔野，爰曁近畿，畚鍤繁興，薪芻轉徙，民亦勞止，朕甚憫之。宜推在宥之恩，仍廣蠲除之惠。"又詔："居山至大伾山浮橋屬濬州[一]者，賜名天成橋[二]；大伾山至汶子山[三]浮橋屬滑州者，賜名榮光橋。"俄改榮光曰聖功，七月庚辰，御製橋名，磨崖以刻之。方河之開也，水流雖通，然湍激猛暴，遇山稍隘，往往泛溢，近寨民夫多被漂溺，因亦及通利軍，其後遂注成巨（深）[澤][四]云。八月（乙）[己][五]亥，都水監言："大河以就三山通流，正在通利之東，慮水溢為患。乞移軍城於大伾山、居山之間，以就高仰。"從之。十[一][六]月丙寅，都水使者孟揆言："大河連經漲淤，灘面已高，致河流傾側東岸。今若修閉棗强上埽決口，其費不貲，兼冬深難施人力；縱使極力修閉，東堤上下二百餘里，必須盡行增築，與水爭力，未能全免決溢之患。今漫水行流，多鹹鹵及積水之地，又不犯州軍，止經數縣地分，迤邐纏御河歸納黃河。欲自決口上恩州之地水堤為始，增補舊堤，接續御河東岸，籤合大河。"從之。乙亥，臣僚言："禹迹湮没於數千載之遠，陛下神智獨運，一旦興復，導河三山。長堤盤固，橫截巨（漫）［浸］[七]，依山為梁，天造地設。威（宗）［示］[八]南北，度越前古，歲無解繫之費，人無病涉之患。大功既成，願申飭有司，隨為堤防，每遇漲水，不輟巡視。"

【校注】

【一】濬州，即浚州，北宋政和五年（1115年）升通利軍置，治所在黎陽縣（今河南浚縣東）。

【二】天成橋，今河南浚縣東古黃河上。

【三】汶子山，又名汶山、紫金山，今河南浚縣東五里大伾山之東。

【四】濼，原作"深"，據《宋史·河渠志》改。

【五】己，原作"乙"，據《宋史·河渠志》改。

【六】一，原脱，據《宋史·河渠志》補。

【七】浸，原作"漫"，據《宋史·河渠志》改。

【八】示，原作"宗"，據《宋史·河渠志》改。

七年五月丁巳，臣僚言："恩州寧化鎮[一]大河之側，地勢低下，正當灣流衝激之處。歲久堤岸怯薄，沁水透堤甚多，近鎮居民例皆移避。方秋夏之交，時雨霈然，一失堤防，則不惟東流莫測所向，一隅生靈所係甚大，亦恐妨阻大名、河（澗）［間］[二]諸州往來邊路。乞付有司，貼築固護。"從之。

六月癸酉，都水使者孟（楊）［揚］^{［三］}言："舊河陽南北兩河分流，立中潬，繫浮梁。頃緣北河［淤澱，水行不通，出於南河修繫］一橋^{［四］}，因此河頃窄狹，水勢衝激，每遇漲水，多致損壞。欲措置開修北河，如舊修繫南北兩橋。"從之。

【校注】

【一】寧化鎮，北宋置，屬清河縣，今河北清河縣西南。

【二】間，原作"潤"，據《宋史·河渠志》改。

【三】揚，原作"楊"，據《宋史·河渠志》改。

【四】"淤澱，水行不通，止於南河修繫"，原脫，據《宋史·河渠志》補。

重和元年三月己亥，詔："滑州、濬州界萬年堤，全（籍）［藉］^{［一］}林木固護堤岸，其廣行種植，以壯地勢。"五月甲辰，詔："孟州^{［二］}河陽縣第一埽，自春以來，河勢湍猛，侵嚙民田，迫近州城止二三里。其令都水使者同漕臣、河陽守臣措置固護。"

【校注】

【一】藉，原作"籍"，據《宋史·河渠志》改。

【二】孟州，治所在河陽縣（今河南孟州），轄境相當今河南孟州市、溫縣、濟源市及滎陽市部分地。

是秋雨，廣武埽危急，詔內侍（土）［王］^{［一］}仍相度措置。

宣和元年十二月，開修兔源河并直河畢工，降詔獎諭。

【校注】

【一】王，原作"土"，據《宋史·河渠志》改。

欽宗

靖康元年三月丁丑，京西轉運司言："本路歲科河防夫三萬，溝河夫一萬八千。緣連年不稔，群盜劫掠，民力困弊，乞量數減放。"詔減八千人。

《治河通考》卷之八

議河治河考

元世祖

至元九年七月，衛輝[一]河決，委都水監丞馬良弼與本路官同詣相視，差水夫并力修完之。十七年，遣使窮河源。

【校注】

【一】衛輝，即衛輝路，蒙古中統元年（1260年）改衛州置，治所在汲縣（今河南衛輝），轄境相當今河南衛輝、輝縣、淇縣、獲嘉等市縣地。

成宗

大德元年秋七月，河決杞縣蒲口，乃命河北河南廉訪使[一]尚文[二]相度形勢，為久利之策。文言："長河萬里西來，其勢湍猛，至孟津而下，地平土疏，移徙不常，失禹故道，為中國患，不知幾千百年矣。自古治河，處得其當，則用力少而患遲；事失其宜，則用力多而患速，此不易之定論也。今陳留[三]抵睢[四]，東西百有餘里，南岸舊河口十一，已塞者二，自涸者六，通川者三，岸高於水計六七尺，或四五尺；北岸故堤，其水比田高三四尺，或高下等，大概南高於北約八九尺，堤安得不壞，水安得不北也。蒲口今決（十）〔千〕^{【五】}有餘步，迅速東行，得水舊瀆，行二百里，至歸德^{【六】}橫堤之下，復合正流。或强湮遏，上決下潰，功不可成。揆今之計，河西郡縣，順水之性，遠築長垣，以禦泛溢；歸德、徐^{【七】}、邳^{【八】}，民避衝潰，聽從安便。被患之家，宜於河南退灘地内，給付頃畝，以為永業。異時河決他所者，亦如此，亦一時救荒之良策也。蒲口不塞便。"朝廷從之。會河朔^{【九】}郡縣、山東憲部^{【一〇】}爭言不塞則河北桑田盡為魚鱉之區，塞之便。復從之。明年，蒲口復決。塞河之役，無歲無之。是後，水北入復河故道，竟如文言。

丘公《大學衍義補》曰："河為中原大害。自古治之者，未有能得上策者也。蓋以河自星宿海發源，東入中國踰萬里，凡九折焉，合華夷之水千流萬派以趨於海，其源之來也遠矣，其水之積也衆矣。夫以萬川而歸於一壑，所來之路孔多，所收之門束隘，而欲其不泛溢，難矣。況孟津以下，地平土疏，易為衝決，而移徙不常也（我）〔哉〕^{【一一】}。漢唐以來，賈讓諸人言治河者多隨時治宜之策，在當時雖或可行，而今日未必皆便。元時去今未遠，地勢物力大段相似，尚文所建之策雖非百世經久之長計，然亦一時救弊之良方。宜令河南藩憲每年循行，並河郡縣如文所言者，相地所宜，或築長垣以禦泛溢，或開淤塞以通束隘；從民所便，或遷村落以避衝潰，或給退灘以償所失。如此，雖不能使並河州郡百年無害，而被患居民亦可暫時蘇息矣。"

【校注】

【一】廉訪使，職官名，掌地方監察，考校官吏政績，復審地方冤案，間亦兼勸農之事。

【二】尚文（1236—1327 年），字周卿，元祁州深澤（今屬河北石家莊）人，徙保定（今屬河北）。

【三】陳留，即陳留縣，元屬汴梁路，治所在今河南陳留。

【四】睢，即睢州，元屬汴梁路，治所在今河南睢縣，轄境相當今河南睢縣、民權、柘城等縣地。

【五】千，原作"十"，據《萬曆開封府志》(明萬曆十三年刻本)改。

【六】歸德，即歸德府，元屬河南行省，治所在今河南商丘。

【七】徐，即徐州，治所在今江蘇徐州。

【八】邳，即邳州，元屬歸德府，治所在今江蘇睢寧縣西北古邳鎮。

【九】河朔，泛指黃河以北地區。

【一〇】憲部，即刑部，元屬中書省，掌法律、刑獄事務。

【一一】哉，原作"我"，據明崇禎十一年(1638年)吳士顏刻本改。

二年秋七月，大雨，河決，漂歸德屬縣，詔免田租一年。

三年五月，河南省言："河決蒲口兒等處，差官修築計料，合修土堤二十五處，共長三萬九千九十二步，總用葦四十萬四千束，徑尺樁二萬四千七百二十株，役夫七千九百二人。"

武宗

至大三年十一月，河北河南道廉訪司【一】言："黃河決溢，千里蒙害。浸城郭，湮室廬，壞禾稼，百姓已罹其毒。然後訪求修治之方，而衆議紛紜，互陳利害，當事者疑惑不決，必須上請朝省，比至議定，其害滋大，所謂不預已然之弊。大抵黃河伏槽之時，水勢似緩，觀之不足為害，一遇霖潦，湍浪迅猛。自孟津以東，土性疏薄，兼帶沙滷，又失導洩之方，崩潰決溢，可翹足而待。近歲亳【二】、潁【三】之民，幸河北徙，有司不能遠慮，失於規劃，使陂(灣)[瀦]【四】悉為陸地。東至杞縣三(叉)[汊]【五】口，播河為三，分殺其勢，蓋亦有年。往歲歸德、太康【六】建言，相次湮塞南北二(叉)[汊]【七】，遂使三河之水合而為一。下流既不通暢，自然上溢為災。由是觀之，是自奪分泄之利，故其上下決溢，至今莫除。(度)[即]【八】今水勢趨下，有復巨野、梁山之意。蓋河性遷徙無常，苟不為遠計預防，不出數年，曹、濮、濟、鄆蒙害必矣。今之所謂治水者，徒而議論紛紜，咸無良策。水監之官，既非精選，知河之利害者，百無一二。雖每年累驛而至，名為巡河，徒應故事。問地形之高下，則懵不知；訪水勢之利病，則非所習。既無實才，又不經練。乃或妄興事端，勞民動衆，阻逆水性，翻為後患。為今之計，莫若於汴梁置都水分監，妙選廉幹、深知水利之人，專職其任，量存員數，頻為巡視，謹其防護。可疏者疏之，可堙者堙之，可防者防之。職掌既專，則事功可立。較之河已決溢，民已被害，然後鹵莽修治以勞民者，烏可同日而語哉。”

【校注】

【一】廉訪司，官吏機構，元時於各道置肅政廉訪使司，掌地方監察。

【二】亳，即亳州，元屬歸德府，治所在今安徽亳州，轄境相當今安徽亳州、渦陽、蒙城及河南鹿邑、永城等市縣地。

【三】潁，即潁州，元屬汝寧府，治所在今安徽阜陽，轄境相當今安徽阜陽、阜南、潁上、太和、鳳臺、界首、臨泉等市縣地。

【四】濼，原作“灣”，據《元史·河渠志》改。

【五】汊，原作“叉”，據《元史·河渠志》改。

【六】太康，即太康縣，元屬汴梁路，治所在今河南太康。

【七】汊，原作“叉”，據《元史·河渠志》改。

【八】即，原作“度”，據《元史·河渠志》改。

仁宗

延祐元年八月，河南等處行中書省【一】言：“黃河涸露舊水泊污池，多為勢家所據，忽遇泛溢，水無所歸，遂致為害。由此觀之，非河犯人，人自犯之。擬差知水利都水監官，與行省廉訪司同相視，可以疏闢隄障，比至泛溢，先加修治，用力少而成功多。又汴梁路[二]睢州諸處，決破河口數十，內開封縣小黃村計會月堤一道，都水分監修築障水堤堰，所擬不一，宜委請行省官與本道憲司、汴梁路都水分監官及州縣正官，親歷按驗，從長講議。"上自河陰[三]，下至陳州[四]，與拘該州縣官一同沿河相視。開封縣小黃村河口，測量比舊淺減六尺。陳留、通許、太康舊有蒲葦之地，後因閉塞西河、塔河諸水口，以便種蒔，故他處連年潰決。各官公議："治水之道，惟當順其性之自然。嘗聞大河自陽武、胙城[五]，由白馬河[六]間，東北入海。歷年既久，遷徙不常。每歲泛溢兩岸，時有衝決，強為閉塞，正及農忙，科樁（稍）[梢][七]，發丁夫，動至數萬，所費不可勝紀，其弊多端，郡縣嗷嗷，民不聊生。蓋黃河善遷徙，惟宜順下疏泄。今相視上自河陰，下抵歸德，經夏水漲，甚於常年，以小黃村口分洩之故，並無衝決，此其明驗也。詳視陳州，最為低窪，瀕河之地，今歲麥禾不收，民饑特甚。欲為拯救，奈下流無可疏之處。若將小黃村河口閉塞，必移患鄰郡。決上流南岸，則汴梁被害；決下流北岸，則山東可憂。事難兩全，當（以）[遺][八]小就大。如免陳州差稅，賑其饑民，陳留、通許、太康縣被災之家，依例取勘賑恤，其小黃村河口仍舊通疏外，據修築月堤，并障水堤，閉河口，別難議擬。"於是凡汴梁所轄州縣河堤，或已修治，及當疏通與補築者，條（例）[列][九]具備。

【校注】

【一】行中書省，元地方行政機構，簡稱行省，總領地方一切行政事務。

【二】汴梁路，元至元二十五年（1288年）改南京路置，治所祥符、開封二縣（今河南開封），轄境相當今河南原陽、延津以南，偃城、項城以北，民權、沈丘以西，禹州、滎陽二市及襄城縣以東地。

【三】河陰，即河陰縣，元徙治今河南滎陽東北廣武山北。

【四】陳州，元屬汴梁路，治所在今河南淮陽縣，轄境相當今河南淮陽、商水、太康、西華、沈丘等縣及周口、項城二市地。

【五】胙城，元屬衛輝路，治所在今河南延津縣胙城西。

【六】白馬河，在今山東鄒城北。

【七】梢，原作“稍”，據《元史·河渠志》改。

【八】遺，原作“以”，據《續資治通鑑》改。

【九】列，原作“例”，據《元史·河渠志》改。

五年正月，河北河南道廉訪副使奧屯[一]言：“近年河決杞縣小黄村口，滔滔南流，莫能禦遏，陳、潁瀕河膏腴之地浸没，百姓流散。今水迫汴城，遠無數里，儻值霖雨水溢，倉卒何以防禦。方今農隙，宜爲講究，使水歸故道，達於江、淮，不惟陳、潁之民得遂其生，竊恐將來浸灌汴城，其害匪輕。”於是大司農［司］[二]下都水監移文汴梁分監修治，自六年二月十一日興工，至三月九日工畢，總計北至槐疙疸[三]兩舊堤，下廣十六步，上廣四步，高一丈，六［十］[四]尺爲一工。（堤）[五]南至窑務汴堤，通長二十里二百四十三步，創修護城堤一道，長七千四百四十三步。下地修堤，東二十步外取土，内河溝七處，深淺高下闊狹不一，計工二十五萬三千六百八十，用夫八千四百五十三，除風雨妨工，三十日畢。内（疏）［流］[六]水河溝，南北闊二十步，水深五尺。河内修堤，底闊二十四步，上廣八步，高一丈五尺，積十二萬尺，取土稍遠，四十尺爲一工，計三萬工，用夫百人。每步用大椿二，計四十，各長一丈二尺，徑四寸。每步雜草千束，計二萬。每步簽椿四，計八十，各長八尺，徑三寸。水手二十，木匠二，大船二艘，梯钁一副，繩索畢備。

【校注】

【一】奧屯，即奧屯茂，元時人。

【二】司，原脱，據《元史·河渠志》補。大司農司，掌農桑、水利、救荒諸事。

【三】槐疙疸，即槐疙瘩村，今河北石家莊市贊皇縣黃北坪鄉。

【四】十，原脱，據《元史·河渠志》補。

【五】堤，原衍，據《元史·河渠志》删。

【六】流，原作“疏”，據《元史·河渠志》改。

七年七月，河決塔海莊東堤、蘇村及七里寺等處，本省平章〔一〕站馬赤親率本路及都水監官，并工修築，於至治元年正月興工，修堤岸四十六處，該役一百二十五萬六千四百九十四工，凡用夫（二）〔三〕〔二〕萬一千四百一十三人。

【校注】

【一】平章，職官名，意為共同議政，元制在中書省、行中書省中置平章政事，為宰相之副。

【二】三，原作“二”，據《元史·河渠志》改。

文宗

至順元年六月，曹州濟陰縣言魏家道口〔一〕決，卒未易修，先差補築磨子口、朱從馬頭西舊堤。工畢，郝承務又言：“魏家道口塼堌等村，缺破堤堰，累下樁土，衝洗不存，若復閉築，緣缺堤周回皆泥淖，人不可居，兼無取土之處。又沛郡安樂等保，去歲旱災，今復水潦，漂禾稼，壞室廬，民皆〔二〕缺食，難於差倩。其不經水害民人，先已遍差補築黃家橋、磨子口諸處堤堰〔三〕，似難重役。如候秋涼水退，倩夫修理，庶蘇民力。今衝破新舊堤七處，共計用夫六千三百四人，樁九百九十，葦箔一千三百二十，草一萬六千五束。六十尺為一工，度五十日可畢。九月三日興工，（新）[辛]【四】馬頭、孫家道口障水堤堰又壞，添差二千人與（武城）[成武]【五】、定陶【六】二縣分築，又於本處創築月堤一道，外有元料塌頭魏家道口外堤未築。候來春并工修理。"

【校注】

【一】魏家道口，即魏家灣集，在今山東曹縣西北。

【二】"今復水潦，漂禾稼，壞室廬，民皆"，原脫，據《元史·河渠志》補。

【三】"補築黃家橋、磨子口諸處堤堰"，原脫，據《元史·河渠志》補。

【四】辛，原作"新"，據《元史·河渠志》改。

【五】成武，原作"武城"，据史實改。成武縣，治所在今山東菏澤市東南。

【六】定陶縣，治所在今山東菏澤市東南。

順帝

至正六年，河決，尚書李絅【一】請躬祀郊廟，近正人，遠邪佞，以崇陽抑陰，不聽。

【校注】

【一】李絅，元浙江海鹽苞溪（今屬浙江）人。

九年冬，脫脫【一】既復為丞相，慨然有志於事功，論及河決，即言于帝，請躬任其事，帝嘉納之。（及）[乃]【二】命集群臣議廷中，而言人人殊，（難）[唯]【三】都漕運使賈魯【四】，昌言（畢）[必]【五】當治。先是，魯嘗為山東道奉使宣撫【六】首領官，循行被水郡邑，具得修（擇）[捍]【七】成策，後又為都水使者，奉旨詣河上相視，驗狀為圖，以二策進獻。一議修築北堤以制横潰，其用（工）[功]【八】省；一議疏塞並舉，挽河使東行以復故道，其功費甚大。（及）[至]【九】是復以（一）[二]【一○】策對，脱脱韙其（發）[後]【一一】策。於是遣工部尚書【一二】成遵【一三】與大司農秃魯【一四】行視河，議其疏塞之方以聞。遵等自濟、濮、汴梁、大名行數千里，掘井以量地之高下，測岸以究水之淺深，博采輿論，以（講）[謂]【一五】河之故道斷不可復。且曰："山東連歉，民不聊生，若聚二十萬衆於此地，恐他日之憂又有重於河患者。"時脱脱先入魯言，及聞遵等議，怒曰："汝謂民將反（邪）[耶]【一六】？"自辰至酉，論辯終莫能合。明日，執政謂遵曰："修河之役，丞相意已定，且有人任其責。公勿多言。幸為兩可之議。"遵曰："腕可斷，議不可易。"遂出遵河間鹽運使【一七】。議定，乃薦魯于帝，大稱旨。

【校注】

【一】脱脱（1314—1356 年），亦作托克托、脱脱帖木兒，字大用，元末蒙古族蔑兒乞部人。

【二】乃，原作"及"，據《元史·河渠志》改。

【三】唯，原作"難"，據《元史·河渠志》改。

【四】賈魯（1297—1353 年），字友恒，元河東高平（今屬山西）人。

【五】必，原作"畢"，據《元史·河渠志》改。

【六】奉使宣撫，官吏機構，元朝廷派遣使臣整頓吏治、對地方官府實行行政督責。

【七】捍，原作"擇"，據《元史·河渠志》改。

【八】功，原作"工"，據《元史·河渠志》改。

【九】至，原作"及"，據《元史·河渠志》改。

【一○】二，原作"一"，據《元史·河渠志》改。

【一一】後，原作"發"，據《元史·河渠志》改。

【一二】工部尚書，職官名，工部主官，元屬中書省，掌天下百工、屯田、山澤之政令。

【一三】成遵（1308—1359年），字誼叔，元南陽穰縣（今河南南陽）人。

【一四】禿魯，元蒙古怯克烈氏，也先不花子。

【一五】謂，原作“講”，據《元史·河渠志》改。

【一六】耶，原作“邪”，據《元史·成遵傳》改。

【一七】河間鹽運使，元設河間鹽運司，在今河北滄州市。鹽運使，職官名，元置於各省掌鹽務的官員。

十一年四月，命魯為總治河防使【一】，是月二十二日鳩工，七月疏鑿成，八月決水故河，九月舟楫通行，十一月水土工畢，諸埽諸堤成。河乃復故道，南匯于淮，又東入於海。帝遣貴臣報祭河伯，召魯還京師，論功超拜榮祿大夫【二】、集賢（太）[大]學士【三】，其宣力諸臣遷賞有差。賜丞相脫脫世襲答剌罕【四】之號，特命翰林學士承旨【五】歐陽玄【六】製河平碑文，以旌勞績。玄既為河平之碑，（文）[又]【七】自以為司馬遷、班固記河渠溝洫，僅載治水之道，不言其方，使後世任斯事者無所考則，乃從魯訪問方略，及詢過客，質吏牘，作《至正河防記》，欲使來世罹河患者按而求之。其言曰：治河一也，有疏、有浚、有塞，三者異焉。釃河之流，因而導之，謂之疏。去河之淤，因而深之，謂之浚。抑河之暴，因而扼之，謂之塞。疏浚之別有四：曰生地，曰故道，曰河身，曰減水河。生地有直有紆，因直而鑿之，可就故道。故道有高有卑，高者平之以趨卑，高卑相就，則高不壅，卑不瀦，慮夫壅生潰，瀦生埋也。河身者，水雖通行，身有廣狹。狹難受水，水（溢）[益]【八】悍，故狹者以計闊之；廣難為岸，岸善崩，故廣者以計禦之。減水河者，水放曠則以制其狂，水驟突則以殺其怒。治堤一也，有創築、修築、補築之名，有刺水堤，有截河堤，有護岸堤，有縷水堤，有石船堤。治埽一也，有岸埽、水埽，有龍尾、（攔）[欄]【九】頭、馬頭等埽。其為埽臺及推捲、牽制、蓲掛之法，有用土、用石、用鐵、用草、用木、用（椴）[杙]【一○】、用絙之方。塞河一也，有缺口，有豁口，有龍口。缺口者，已成川。豁（口）【一一】者，舊常為水所豁，水退則口下於堤，水漲則溢出於口。龍口者，水之所會，自新河入故道之（源）[濚]【一二】也。此外不能悉書，因其用（工）[功]【一三】之次第，而就述於其下焉。其浚故道，深廣不等，通長二百八十里百五十四步而強。功始自白茅【一四】，長百八十[二]【一五】里。繼自黃陵岡【一六】至南（北）[白]【一七】茅，闢生地十里。口初受，廣百八十步，深二丈有二尺，已下停廣百步，高下不等，相折深二丈及泉。曰停、曰折者，用古算法，因此推彼，知其勢之低昂，相準折而取勻停也。南白茅至劉莊村，接入故道十里，通折墾廣八十步，深九尺。劉莊至專固，百有二里二百八十步，通折停廣六十步，深五尺。專固至黃固，墾生地八里，面廣百步，底廣九十步，高下相折，深丈有五尺。黃固至哈只口，長五十一里八十步，相折停廣墾[六]【一八】十步，深五尺。乃浚凹里減水河，通長九十八里百五十四步。凹里村缺河口生地，長三里四十步，面廣六十步，底廣四十步，深一丈四尺。[自]【一九】凹里生地以下舊河身至張（瓚）[贊]【二○】店，長八十二里五十四步。上三十六里，墾廣二十步，深五尺；中三十五里，墾廣二十八步，深五尺；下十里二百四十步，墾廣二十六步，深五尺。張（瓚）[贊]【二一】店至楊青村，接入故道，墾生地十有三里六十步，面廣六十步，底廣四十步，深一丈四尺。其塞專固缺口，修堤三重，并補築凹里減水河南岸豁口，通長二十里三百十有七步。其創築河口前第一重西堤，南北長三百三十步，面廣二十五步，底廣三十三步，樹置椿橛，實以土牛、草葦、雜（稍）[梢]【二二】相兼，高丈有三尺，堤前置龍尾大埽。言龍尾者，伐大樹連（稍）[梢]【二三】繫之堤旁，隨水上下，以破囓岸浪者也。築第二重正堤，并補兩端舊堤，通長十有一里三百步。缺口正堤長四里。兩堤相接舊堤，置

椿堵閉河身，長百四十五步，用土牛、（葦草）[草葦]【二四】、（稍）[梢]【二五】
土相兼修築，底廣三十步，修高二丈。其岸上土工修築者，長三里二百十
有五步有奇，（廣狹）[高廣]【二六】不等，通高一丈五尺。補築舊堤者，
長七里三百步，表裏倍薄七步，增卑六尺，計高一丈。築第三重東後堤，
并接修舊堤，高廣不等，通長八里。補築凹里減水河南岸豁口四處，置椿
木，草[土]【二七】相兼，長四十七步。於是（堤）【二八】塞黃陵全河，水中
及岸上修堤長三十六里百三十（八）[六]【二九】步。其修大堤刺水者二，長
十有四里七十步。其西復作大堤刺水者一，長十有二里百三十步。內創築岸
上土堤，西北起李八宅西堤，東南至舊河岸，長十里百五十步，顛廣四步，
趾廣三（尺）[之]【三○】，高丈有五尺。仍築舊河岸至入水堤，長四百三十
步，趾廣三十步，顛殺其六之一，接修入水。兩岸埽堤並行。作西埽者夏人
水工，徵自靈武；作東埽者漢人水工，徵自近畿。其法以竹絡實以小石，每
埽（下）[不]【三一】等，以蒲葦綿腰索徑寸許者從鋪，廣可一二十步，長可
二三十步。又以曳埽索絢徑三寸或四寸、長二百餘尺者衡鋪之。相間復以竹
葦麻檾大縴，長[三]【三二】百尺者為管心索，就繫綿腰索之端於其上，以草
數千束，多至萬餘，勻布厚鋪於綿腰索之上，囊而納之，丁夫數千，以足踏
實，推捲稍高，即以水工二人立其上，而號於衆，衆聲力舉，用小大推梯，
推捲成埽，高下長短不等，大者高二丈，小者不下丈餘。又用大索或五為腰
索，轉致河濱，選健丁操管心索，順埽臺立踏，或掛之臺中鐵貓大撅之上，
以漸縋之下水。埽後掘地為渠，陷管心索渠中，以散草厚覆，築之以土，其
上復以土牛、雜草、小埽（稍）[梢]【三三】土，多寡厚薄，先後隨宜。修疊
為埽臺，務使牽制上下，縝密堅壯，互為（犄）[掎]【三四】角，埽不動搖。
日力不足，（大）[火]【三五】以繼之。積累既畢，復施前法，捲埽以壓先下之
埽，量水淺深，制埽厚薄，疊之多至四埽而止。兩埽之間置竹絡，高二丈或
三丈，圍四丈五尺，實以小石、土牛。既滿，繫以竹纜，其兩旁并埽，密下

大椿，就以竹絡上大竹腰索繫於椿上。東西兩埽及其中竹絡之上，以草土等
物築為埽臺，約長五十步或百步，再下埽，即以竹索或麻索長八百尺或五百
尺者一二，雜厠其餘管心索之間，候埽入水之後，其餘管心索如前薶掛，隨
以管心長索，遠置五七十步之外，或鐵猫，或大椿，曳而繫之，通管束累日
所下之埽，再以草土等物通修成堤，又以龍尾大埽密掛於護堤大椿，分（析）
［折］【三六】水勢。其堤長二百七十步，北廣四十二步，中廣五十五步，南廣
四十二步，自顛至趾，通高三丈八尺。其截河大堤，高廣不等，長十有九里
百七十七步。其在黃陵北岸者，長十里四十一步。築岸（上）［土］【三七】堤，西
北起東西故堤，東南至河口，長七里九十七步，顛廣六步，趾倍之而強二
步，高丈有五尺，接修入水。施土（字）［牛］【三八】、小埽（稍）［梢］【三九】
草雜土，多寡厚薄隨宜修疊，及下竹絡，安大椿，繫龍尾埽，如前兩堤
法。唯修疊埽臺，增用白闌小石。并埽上及前（泲）［游］【四〇】修埽堤一，
長百餘步，直抵龍口。稍北，（攔）［欄］【四一】頭三埽並行，埽大堤廣與刺水
二堤不同，通前列四埽，間以竹絡，成一大堤，長二百八十步，北廣百一十
步，其顛至水面高丈有五尺，水面至澤（復）［腹］【四二】高二丈五尺，通高
三丈五尺；中流廣八十步，其顛至水面高丈有五尺，水面至澤（復）［腹］【四三】
高五丈五尺，通高七丈。并創築縷水橫堤一，東起北截河大堤，西抵西刺水
大堤。又一堤東起中刺水大堤，西抵西刺水大堤，通長二里四十二步，亦
顛廣四步，趾三之，高丈有二尺。修黃陵南岸，長九里百六十步，內創岸土
堤，東北起新補白茅故堤，西南至舊河口，高廣不等，長八里二百五十步。
乃入水作石船大堤，蓋由是秋八月二十九日乙巳道故河流，先所修北岸西中
刺水及截河三堤猶短，約水尚少，力未足恃。決河勢大，南北廣四百餘步，
中流深三丈餘，（溢）［益］【四四】以秋漲，水多故河十之（有）【四五】八。兩河
爭流，近故河口，水刷岸北行，洄漩湍激，難以下埽。且埽行或遲，恐水
盡湧入決河，因淤故河，前功遂隳。魯乃精思障水入故河之方，以九月七

日癸丑，逆流排大船二十七艘，前後連以大桅或長椿，用大麻索、竹絚絞，（縛）［縛］【四六】，綴為方舟。又用大麻索、竹絚（用）［周］【四七】船身繳繞上下，令牢不可破，乃以鐵猫於上流硾之水中。又以竹絚絕長七八百尺者，繫兩岸大橛上，每絚或硾二舟或三舟，使不得下，船（復）［腹］【四八】略鋪散草，滿貯小石，以合子板釘合之，復以埽密布合子板上，或二重，或三重，以大麻索縛之急，（腹）［復縛］【四九】橫木三道於頭桅，皆以索維之，用竹編笆，夾以草石，立之桅前，約長丈餘，名曰水簾桅。復以木楂柱，使簾不偃仆，然後選水工便（健）［捷］【五〇】者，每船各二人，執斧鑿，立船首尾，岸上槌鼓為號，鼓鳴，一時齊鑿，須臾舟穴，水入，舟沉，遏決河。水怒溢，故河水暴增，即重樹水簾，令後復布小埽土牛白闌長（稍）［梢］【五一】，雜以草土等物，隨宜填垜以繼之。石船下詣實地，出水基趾漸高，復卷大埽以壓之，前船勢略定，尋用前法，沉餘船以竟後功。昏曉百刻，役夫分番甚勞，無少間斷。船堤之後，草埽三道並舉，中置竹絡盛石，並埽置椿，繫纜四埽及絡，一如修北截水堤之法。第以中流水深數丈，用物之多，施工之大，數倍他堤。船堤距北岸纔四五十步，勢迫東河，流峻若自天降，深淺叵測。於是先卷下大埽約高二丈者，或四或五，始出水面。修至河口一二十步，用功尤難。薄龍口，喧豗猛疾，勢撼埽基，陷裂歆傾，俄遠故所，觀者股（并）［弁］【五二】，眾議騰沸，以為難合，然勢不容已。魯神色不動，機解捷出，進官吏工徒十餘萬人，日加獎諭，辭旨懇至，眾皆感激赴功。十一月十一日丁巳，龍口遂合，決河絕流，故道復通。又於堤前通卷（攔）［欄］【五三】頭埽各一道，多者或三或四，前埽出水，管心大索繫前埽，硾後（攔）［闌］【五四】頭埽之後，後埽管心大索亦繫小埽，硾前（攔）［闌］【五五】頭埽之前，後先羈縻，以錮其勢。又於所交索上及兩埽之間，壓以小石白闌土牛，草土相半，厚薄多寡，相勢措置。埽堤之後，自南岸復修一堤，抵已閉之龍口，長二百七十步。船堤四道成堤，用農家場圃之具曰轆軸者，穴石立木如比櫛，貏前埽之旁，每步置一轆軸，以橫木貫其後，又穴石，以徑二寸餘麻索貫之，繫橫木上，密掛龍尾大埽，使夏秋潦水、冬春凌薄，不得肆力於岸。此堤接北岸截河大堤，長二百七十步，南廣百二十步，顛至水面高丈有七尺，水面至澤（復）[腹]【五六】高四丈二尺；中流廣八十步，顛至水面高丈有五尺，水面至澤（復）[腹]【五七】高五丈五尺；通高七丈。仍治南岸護堤埽一道，通長百三十步，南岸護岸馬頭埽三道，通長九十五步。修築北岸堤防，高廣不等，通長二百五十四里七十一步。白茅河口至板城，補築舊堤，長二十五里二百八十五步。曹州【五八】板城至英賢村等處，高廣不等，長一百三十三里二百步。稍岡至碭山縣，增倍舊堤，長八十五里二十步。歸德府哈只口至徐州路三百餘里，修完缺口一百七處，高廣不等，積修計三里二百五十六步。亦思剌店縷水月堤，高廣不等，長六里三十步。其用物之凡，椿木大者二萬七千，榆柳雜（稍）[梢]【五九】六十六萬六千，帶（稍）[梢]【六○】連根株者三千六百，（槀）[藁]【六一】秸蒲葦雜草以束計者七百三十三萬五千有奇，竹竿六十二萬五千，葦蓆十有七萬二千，小石二（十）[千]【六二】艘，繩索小大不等五萬七千，所沉大船百有二十，鐵纜三十有二，鐵猫三百三十有四，竹篾以斤計者十有五萬，硾石三千塊，鐵鑽萬四千二百有奇，大釘三萬三千二百三十有二，其餘若木龍、蠶椽木、麥秸、扶椿、鐵叉、鐵吊、枝麻、搭火鈎、汲水、貯水等具皆有成數。官吏俸給，軍民衣糧工錢，醫藥、祭祀、賑恤、驛置馬乘及運竹木、沉船、渡船、下椿等工，鐵、石、竹、木、繩索等匠傭貲，兼以和買民地為河，并應用雜物等價，通計中統鈔百八十四萬五千六百三十六錠有奇。魯嘗有言："水工之功，視土工之功為難；中流之功，視河濱之功為難；決河口視中流又難；北岸之功視南岸為難。用物之效，草雖至柔，柔能狎水，水漬之生泥，泥與草并，力重如碇。然維持夾輔，纜索之功實多。"蓋由魯習知河事，故其功之所就如此。玄之言曰："是役也，朝廷不惜重費，不吝高爵，為民辟害，脫脫能體上意，不憚焦勞，不恤浮議，為國拯民。魯能竭其心思（知）[智]【六三】計之巧，乘其精神膽氣之壯，不惜劬瘁，不畏譏評，以報君相知人之明。宜悉書之，使職史氏者有所考證也。"先是歲庚寅，河南北童謠云："石人一隻眼，挑動[黃]【六四】河天下反。"及魯治河，果於黃陵岡得石人一眼，而（如）[汝]【六五】、潁之妖寇乘時而起。議者往往以謂天下之亂，皆由賈魯治河之役，勞民動衆之所致。殊不知元之所以亡者，實基於上下因循，狃於（晏）[宴]【六六】安之習，紀綱廢弛，風俗偷薄，其致亂之階，非一朝一夕之故，所由來久矣。不此之察，乃獨歸咎於是役，是徒以成敗論事，非通論也。設使賈魯不興是役，天下之亂，詎無從而起乎？（故今）[今故]【六七】具錄玄所記，庶來者得以詳焉。

【校注】

【一】總治河防使，河道官，元置，掌修治黃河之事。

【二】榮禄大夫，文散官名，元時榮禄大夫為從一品官，位在光禄大夫之下。

【三】集賢大學士，集賢院文史官，掌文學著作。

【四】答剌罕，元朝的一種崇高封號，對成吉思汗家族"有恩"而受封。

【五】翰林學士承旨，職官名，為翰林學士院的長官，掌以白麻草擬內命詔旨，顧問應對事，為皇帝親近之臣。

【六】歐陽玄（1289—1374 年），字元功，號圭齋，元瀏陽（今屬湖南）人，謚號文，著有《圭齋文集》。

【七】又，原作"文"，據明崇禎十一年（1638 年）吳士顏刻本改。

【八】益，原作"溢"，據《元史·河渠志》改。

【九】欄，原作"攔"，據《元史·河渠志》改。

【一〇】杙，原作"柭"，據《元史·河渠志》改。

【一一】口，原脱，據明崇禎十一年（1638年）吳士顏刻本補。

【一二】濼，原作"源"，據《元史·河渠志》改。

【一三】功，原作"工"，據《元史·河渠志》改。

【一四】白茅，即白茅堤，元代黄河北岸的險工，在今山東曹縣西白茅集一帶。

【一五】二，原脱，據《元史·河渠志》補。

【一六】黄陵岡，又作黄陵渡，在今河南蘭考縣東北黄陵岡，與山東曹縣相近。

【一七】白，原作"北"，據明崇禎十一年（1638年）吳士顏刻本改。

【一八】六，原脱，據《元史·河渠志》補。

【一九】自，原脱，據《元史·河渠志》補。

【二○】贊，原作"瓒"，據《元史·河渠志》改。

【二一】贊，原作"瓒"，據明崇禎十一年（1638年）吳士顏刻本改。

【二二】梢，原作"稍"，據《元史·河渠志》改。

【二三】梢，原作"稍"，據《元史·河渠志》改。

【二四】草葦，原倒，據《元史·河渠志》改。

【二五】梢，原作"稍"，據《元史·河渠志》改。

【二六】高廣，原作"廣狹"，據《元史·河渠志》改。

【二七】土，原脱，據《元史·河渠志》補。

【二八】堤，原衍，據《元史·河渠志》改。

【二九】六，原作"八"，據《元史·河渠志》改。

【三○】之，原作"尺"，據《元史·河渠志》改。

【三一】不，原作"下"，據《元史·河渠志》改。

【三二】三，原脱，據《元史·河渠志》補。

【三三】梢，原作"稍"，據《元史·河渠志》改。

【三四】掎，原作"犄"，據《元史·河渠志》改。

【三五】火，原作"大"，據明崇禎十一年（1638年）吳士顏刻本改。

【三六】折，原作"析"，據《元史紀事本末》卷一（中華書局2015年版）改。

【三七】土，原作"上"，據明崇禎十一年（1638年）吳士顏刻本改。

【三八】牛，原作"字"，據《元史·河渠志》改。

【三九】梢，原作"稍"，據《元史·河渠志》改。

【四〇】游，原作"洊"，據《元史·河渠志》改。

【四一】欄，原作"攔"，據《元史·河渠志》改。

【四二】腹，原作"復"，據《元史·河渠志》改。

【四三】腹，原作"復"，據《元史·河渠志》改。

【四四】益，原作"溢"，據《元史·河渠志》改。

【四五】有，原衍，據《元史·河渠志》改。

【四六】縛，原作"縳"，據《元史·河渠志》改。

【四七】周，原作"用"，據《元史·河渠志》改。

【四八】腹，原作"復"，據《元史·河渠志》改。

【四九】復縛，原作"腹"，據《元史·河渠志》改。

【五〇】捷，原作"健"，據《元史·河渠志》改。

【五一】梢，原作"稍"，據《元史·河渠志》改。

【五二】弁，原作"并"，據《元史·河渠志》改。

【五三】欄，原作"攔"，據《元史·河渠志》改。

【五四】闌，原作"攔"，據《元史·河渠志》改。

【五五】闌，原作"攔"，據《元史·河渠志》改。

【五六】腹，原作"復"，據《元史·河渠志》改。

【五七】腹，原作"復"，據《元史·河渠志》改。

【五八】曹州，金大定八年（1168 年）移治古乘氏縣（今山東菏澤），轄境相當今山東菏澤市及定陶、成武東明和河南民權等縣地。

【五九】梢，原作"稍"，據《元史·河渠志》改。

【六〇】梢，原作"稍"，據《元史·河渠志》改。

【六一】藁，原作"槀"，據《元史·河渠志》改。

【六二】千，原作"十"，據《元史·河渠志》改。

【六三】智，原作"知"，據《元史·河渠志》改。

【六四】黃，原脱，據《元史·河渠志》補。

【六五】汝，原作"如"，據《元史·河渠志》改。

【六六】宴，原作"晏"，據《元史·河渠志》改。

【六七】今故，原倒，據《元史·河渠志》改。

《治河通考》卷之九

議河治河考

諸儒總論

呂祖謙[一]曰："禹不惜數百里地，疏為九河以分其勢。善治水者，不與水爭地也。"

【校注】

【一】呂祖謙（1137—1181 年），字伯恭，世稱"東萊先生"，宋婺州金華（今屬浙江）人，祖籍壽州（今屬安徽），卒諡成，改諡忠亮，著有《東萊呂太史集》《歷代制度詳說》等。

余闕[一]曰："中原之地，平曠夷衍，無洞庭、彭蠡以為之匯，故河嘗橫潰為患，其勢非多為之委以殺其流，未可以力勝也。故禹之治河，自（太）［大］[二]伾而下則析為三渠，大陸而下則播為九河，然後其委多，河之大有所瀉，而其力有所分，而患可平也。此禹治河之道也。自周定王時河始南徙，訖於漢而禹之故道失矣。［故］[三]西京時受害特甚，雖以武帝之才，乘文景富庶之業，而一瓠子之微終不能塞，付之無可奈何而後已。自瓠子再決，而其流為屯氏諸河，其後河入千乘[四]，而德棣之河又播為八。漢人指以為太史、馬頰者，是其委之多，河之大有所瀉而力有所分，大抵偶合於禹所治河者，由是而訖東都至唐河，不為害者千數百年。至宋時，河又南決，南渡時又東南以入于淮。以河之大且力，惟一淮以為之委無以瀉而分之，故今之河患與武帝時無異。自宋南渡時至今（訖）[謂][五]元殆二百年，而河旋北，乃其勢然也。建議者以為當築堤起（漕）[曹][六]南訖嘉祥[七]，東西三百里，以障河之北流，則漸可圖以導之使南。廟堂從之，非以南為壑也，其慮以為河之北則會通之漕廢。予則以為河北而會通之漕不廢，何也？漕以汶而不以河也。河北則汶水必微，微則吾有制而相之，亦可以舟可以漕，《書》所謂"浮于汶，達于河"者是也。蓋欲防鉅野而使河不妄行，俟河復千乘，然後相水之宜而修治之。"

【校注】

【一】余闕（1303—1358年），字廷心，一字天心，元廬州（今屬安徽）人，謚忠宣，著有《青陽集》。

【二】大，原作"太"，據史實改。

【三】故，脫字，據《余忠宣公青陽山房集》卷三（清康熙刻本）補。

【四】千乘，即千乘郡，漢高帝置，治所在今山東高青縣東南高城鎮北，轄境相當今山東博興、高青、濱州等縣市地。

【五】謂，原作"訖"，據《大學衍義補》卷一七（明萬曆三十三年內府刻本）改。

【六】曹，原作"漕"，據《余忠宣公青陽山房集》卷三改。

【七】嘉祥，即嘉祥縣，治所在今山東嘉祥。

宋濂《治河議》曰："比歲河決不治，上深憂之。既遣平章政事[一]嵬名、御史中丞［二］李、禮部尚書泰不花［三］沉兩珪及白馬以祀，又置［行］［四］都水監專治河事，而績用未之著。乃下丞相會廷臣議，其言人人殊。濂則委以殺其流，未可以力勝也，何也？河源自吐蕃朵甘思西鄙方七八十里，有泉百餘泓，若天之列宿然，曰火敦腦兒，譯言星宿海也。自海之西［阿剌］［五］、腦兒二澤又東流為赤賓河，而赤里出之水由西合，忽闌之水［從］［六］南會也，里术之水復至自東南，於是其流漸大，曰脫可尼，譯云黃河也。河之東行，又（岐）［歧］［七］為九派［八］，曰［九］也孫幹倫，譯云九渡也，水尚清淺可涉。又東約行五百里，始寖渾濁，而其流益大。朵甘思東北鄙有大山，四時皆積雪，曰亦耳麻莫不剌，又曰騰乞里塔，譯云昆侖也。自九渡東行可三千里，［乃至］［一〇］昆侖之南。又東流過闊即、闊［一一］提二地，至哈剌別里赤與納鄰哈剌河合，又合乞兒、馬出二水，乃折流轉西，至昆侖北。既復折而東北，流至貴德州，其地名必赤里。自昆侖至此，不啻三千里之遠。又約行三百里至積石。從積石上距星宿海，蓋六千七百有餘里矣。其來也既遠，其注也必怒。故神禹導河自積石歷龍門，南到華陰，東下底柱及孟津、洛汭，至於大伾，大伾［一二］而下灑為二渠，北載之高地，過（降）［澤］［一三］水至於大陸，播為九河，趨碣石入于渤海。然自禹之後無水患者七百七十餘年，此無他，河之流分而其勢自平也。周定王時，河徙砱礫，始改其故道，九河之迹漸致湮塞。至漢文時，決酸棗，東潰金堤。孝武時，決瓠子，東南注巨野，通于淮泗，氾郡十六，害及梁［一四］楚［一五］，此無他，河之流不分而（勢其）［其勢］［一六］益橫也。逮乎宣房之築，道河北行二渠，復禹舊［一七］迹，其後又（為疏）［疏為］［一八］屯氏諸河，河（與）［復］［一九］入于千乘間，德棣之河復播為八，而八十年又無水患矣。及成帝時，屯氏河塞，又決於管陶及東郡金堤，泛濫兗豫，入平原［二〇］、千乘、濟南［二一］，凡灌四郡三十二縣。由是而觀，則河之分不分，（而）［二二］其利害昭然又可睹已。自漢至唐，平決不常，難以悉議。至於（于）［二三］宋時，河又南決。南渡之後，遂由彭[二四]城[二五]合汴泗，東南以入淮，而向之故道又失矣。夫以數千里湍悍難制[二六]之河，而欲使一淮以疏其怒，勢萬萬無此理也。方今河破金堤，輪曹鄆地幾千里悉為巨浸，民生墊溺，比古為尤甚。莫若浚入舊淮河，使其水［南］[二七]流復于故道，然後（道）［導］[二八]入新濟河，分其半水，使之北流，以殺其力，則河之患可平矣。譬猶百人為一隊則力全，莫敢與爭鋒；若以百分而為十，則頓損；又以十各分為一，則全屈矣。治河之要孰踰［於］[二九]此？然而開闢之初，洪水泛濫於天下，禹出而治之，［水］[三〇]始由地中行耳。蓋財成天地之化，必資人（工）［功］[三一]而後就。或者不知，遂以河決歸于天事，未易以人力強塞，此迂儒之曲說，最能僨事者也。濂竊憤之，因備著河源以見河勢之深且遠，不分其流，［決］[三二]不可治者如此。倘有以聞於上，則河之患庶幾其有瘳乎！雖然，此非濂一人之言也，天下之公言也。"

【校注】

【一】平章政事，職官名，元制於中書省、行中書省中置平章政事，為宰相之制。

【二】御史中丞，職官名，協助御史大夫監察的主要長官，御史臺長官之副。

【三】泰不花，即泰不華（1304—1352 年），初名達普華，字兼善，元蒙古伯牙吾臺氏，居臺州（今屬浙江），謚忠介。

【四】行，脱字，據《重刊宋濂學士先生文集》卷二二（明刻本）補。

【五】阿剌，脱字，據《重刊宋濂學士先生文集》卷二二補。

【六】從，脱字，據《重刊宋濂學士先生文集》卷二二補。

【七】歧，原作"岐"，据史實改。

【八】派，原作"沠"，據《重刊宋濂學士先生文集》卷二二改。

【九】曰，脱字，據《重刊宋濂學士先生文集》卷二二補。

【一〇】乃至，脱字，據《重刊宋濂學士先生文集》卷二二補。

【一一】闊，脱字，據《重刊宋濂學士先生文集》卷二二補。

【一二】大伾，脱字，據《重刊宋濂學士先生文集》卷二二補。

【一三】洚，原作"降"，據文意改。

【一四】梁，即梁國，漢文帝時移都睢陽縣（今河南商丘）。

【一五】楚，即楚國，都彭城（今江蘇徐州），西漢景帝三年（前154年）後轄境有今江蘇徐州市及銅山縣附近地。

【一六】其勢，原倒，據《重刊宋濂學士先生文集》卷二二改。

【一七】舊，原作"故"，據《重刊宋濂學士先生文集》卷二二改。

【一八】疏為，原倒，據《重刊宋濂學士先生文集》卷二二改。

【一九】復，原作"與"，據《重刊宋濂學士先生文集》卷二二改。

【二〇】平原，即平原郡，西漢初置，治所在平原縣（今山東平原），轄境相當今山東平原、陵縣、禹城、齊河、臨邑、商河、惠民、陽信等市縣地。

【二一】濟南，即濟南郡，西漢初分齊郡治，治所在東平陵縣（今山東章丘），轄境約相當今山東濟南、泰安、肥城、章丘、濟陽、鄒平等市縣地。

【二二】而，原衍，據《重刊宋濂學士先生文集》卷二二改。

【二三】于，原衍，據《重刊宋濂學士先生文集》卷二二改。

【二四】彭，原作"平"，據《重刊宋濂學士先生文集》卷二二改。

【二五】彭城，今江蘇徐州。

【二六】制，原作"治"，據《重刊宋濂學士先生文集》卷二二改。

【二七】南，脱字，據《重刊宋濂學士先生文集》卷二二改。

【二八】導，原作"道"，據《重刊宋濂學士先生文集》卷二二改。

丘公《大學衍義補》曰：抑通論之，周以前河之勢自西而東而北，漢以後河之勢自西而北而東，宋以後迄于今則自西而東而又之南矣。河之所至，害（以）［亦］【一】隨之，邮民患者烏可不隨其所在而除之哉？《禮》曰"四瀆視諸侯"，謂之瀆者，獨也。以其獨入于海，故江、河、淮、濟皆名以瀆焉。今以一淮而受（大）［夫］【二】黃河之全，蓋合二瀆而為一也。自宋以前河自入海，尚能為並河州郡之害，況今（河）淮海合一而清口又合沁、泗、沂三水以同歸於淮也哉？曩時河水猶有所瀦，如巨野、梁山等處，猶有所分，如屯氏、赤河之（數）［類］【三】。雖以元人排河入淮，而東北入海之道，猶微有存焉者。今則以一淮而受眾水之歸，而無涓滴之滲漏矣。且我朝建國幽、燕，漕東南之粟以實京師，必由（博濟）［濟博］【四】之境，則河決不可使之東行。一決而東，則漕渠乾涸，歲運不繼，其害非獨在民生，且移之國計矣。今日河南之境，自榮陽、原武，由西（迄）［迆］【五】東，歷睢陽、亳、（穎）［潁］【六】，以迄於濠【七】、淮【八】之境。民之受害而不聊生也甚矣。坐視而不顧（與）［歟］【九】，則河患日大，民生日困。失今不理，則日甚一日，或至於生他變。設欲興工動眾，疏塞並舉，則又恐費用不貲，功未必成而坐成困斃。然則為今之計奈何？孟子曰："禹之治水，水之道也。"又曰："禹之治水也，行其所無事也。"古之治水者，要當以大禹為法，禹之導河既分一為九，以分殺其洶湧之勢，復合九為一，以迎合其奔放之衝。萬世治水之法，此其準則也。後世言治河者，莫備於賈讓之三策，然歷代所用者不出其下策，而於上中二策蓋罕用焉。往往違水之性，逆水之勢，而與水爭利。其欲行也，強而塞之。其欲止也，強而通之。惜微眇之費而忘其所損之大，護已成之業而興夫難就之功。捐民力於無用，糜民財於不貲，苟顧目前，遑恤其後，非徒無利而反有以致其害，因之以召禍亂，亦或有之。顧又不如聽其自然而不治之為愈也。臣愚以為，今日河勢與前代不同。前代只是治河，今則兼治淮矣。前代只是欲除其害，今則兼資其用矣。況今河流所經之處，根本之所在，財賦之所出，聲名文物之所會，所謂中國之脊者也。有非偏方僻邑所可比，（烏）［焉］【一〇】可置之度外，而不預有以講究其利害哉。臣願明詔有司，博求能浚川疏河者，徵赴公車，使各陳所見，詳加考驗，預見計定，必須十全，然後用之。夫計策雖出於衆，而剛斷則在於獨擇之審。（言）〔信〕【一】之篤而用之專，然後能成功耳。不然，作舍道傍，甲是乙非，又豈能有所成就哉。臣觀宋儒朱熹【一二】有曰："禹之治水，只是從低處下手。下面之水盡殺，則上面之水漸淺。"臣因朱氏之言而求大禹之故，深信賈讓上中二策，以為可行。蓋今日河流所以泛溢，以為河南（淹没）〔淮右〕【一三】無窮之害者，良以兩瀆之水既合為一，衆山之水又并以歸，加以連年霖潦，歲歲增益，去冬之沮洳未乾，嗣歲之潢潦繼至，疏之則無所於歸，塞之則未易防遏，遂使平原匯為巨浸，桑麻菽粟之場變為波浪魚鱉之區，可嘆也已！伊欲得上流之消洩，必先使下流之疏通。國家誠能不惜棄地，不惜動民，舍小以成其大，棄少以就夫多，權度其得失之孰急，乘除其利害之孰甚，毅然必行，不惑浮議，擇任心膂之臣，委以便宜之權，俾其沿河流相地勢，於其下流迤東之地擇其便利之所，就其污下之處條為數河，以分水勢。又於所條支河之旁地堪種稻之處，依江南法創為圩田，多作水門，引水以資灌溉，河既分疏之後，水勢自然消減，然後從下流而上，於河身之中去其淤沙，或推而蕩滌之，或挑而開通之，使河身益深，足以容水，如是則中有所受不至於溢出，而河之波不及於陸；下有所納，不至於束隘，而河之委易達於海。如是而又委任得人，規置有法，積以歲月，因時制宜，隨見長智，則害日除而利日興，河南、淮右之民庶其有瘳乎。或曰："若行此策，是無故捐數百里膏腴之地，其間破民廬舍，壞民田圃發人墳墓，不止一處，其如人怨何？嗚呼！天子以天下為家，一視同仁，在此猶在彼也。普天之下，何者而非王土？顧其利害之乘除孰多孰寡爾。為萬世計不顧一時，為天下計不徇一方，為萬民計不恤一人。賈讓有言，瀕河十郡，治堤歲費萬萬，及其大決，所殘無數。如出數年治河之費，足以業其所徙之民。大漢方制萬里，豈與河爭咫尺之（利）〔地〕【一四】哉。臣亦以謂開封以南至於鳳陽，每歲河水淹没中原膏腴之田何止數十萬頃，今縱於迤東之地開為數河，所費近海斥鹵之地多不過數萬頃而已，兩相比論，果孰多孰少哉？請於所開之河偶值民居則官給以地而償其室廬，偶（捐）［損］【一五】民業則官倍其償而免其租稅，或與之價（直）［值］【一六】，或助之工作，或徙之寬閑之鄉，或撥與新墾之田，民知上之所以勞動乎我者非為私也，亦何怨之有哉？矧今鳳陽【一七】帝鄉，園陵所在，其所關係尤大，伏惟聖明留意萬一，臣言可采，或見之施行，不勝幸甚。”又曰：“天下之為民害者非特一水也，水之在天下非特一河也。流者若江海之類，瀦者若湖陂之屬，或徙或決，或溢或潰，堤岸以之而崩，泉源以之而涸，沙土由是而淤，畛域由是而決，以蕩民居，以壞民田，皆能以為民害也。然多在邊徼之壩、寬閑之野、曠僻之處，利害相半，或因害而得利，或此害而彼利，其所損有限，其所災有時，地勢有時而復，人力易得而修。非若河之為河，亘中原之地，其所經行皆是富庶之鄉，其所衝決，皆是膏腴之產，其為民害比諸其他尤大且久，故特以民之害歸焉。使凡有志於安民生、興民利者，知其害之有在，隨諸所在而除之，而視河以為準焉。”

【校注】

【一】亦，原作“以”，據《大學衍義補》卷一七，明萬曆三十三年內府刻本改。

【二】夫，原作“大”，據文意改。

【三】類，原作“數”，據《大學衍義補》卷一七改。

【四】濟博，原倒，據《大學衍義補》卷一七改。

【五】迤，原作“迄”，據《大學衍義補》卷一七改。

【六】潁，原作“穎”，據《大學衍義補》卷一七改。

【七】濠，即濠州，元至正二十七年（1367年）朱元璋改為臨濠府，治所在今安徽鳳陽縣東北臨淮關東，轄境相當今安徽蚌埠、定遠、鳳陽、明光等市縣地。

【八】淮，即淮安府，元至正二十六年（1366年）朱元璋改淮安路置，治所在山陽縣（今江蘇楚州），轄境相當今江蘇鹽城、淮安、洪澤等縣市以北，睢寧、邳州以東，贛榆以南，東至海。

【九】歟，原作"與"，據《大學衍義補》卷一七改。

【一〇】焉，原作"烏"，據文意改。

【一一】信，原作"言"，據明崇禎十一年（1638年）吳士顔刻本改。

【一二】朱熹（1130—1200年），字元晦，又字仲晦，號晦庵，謚文，世稱朱文公，宋南劍州尤溪（今屬福建）人，祖籍江南東路徽州府婺源縣（今屬江西），著有《四書章句集注》《周易讀本》《楚辭集注》等。

【一三】淮右，原作"淹没"，據《大學衍義補》卷一七改。

【一四】地，原作"利"，據《漢書·溝洫志》改。

【一五】損，原作"捐"，據《大學衍義補》卷一七改。

【一六】值，原作"直"，據《大學衍義補》卷一七改。

【一七】鳳陽，即鳳陽縣，明洪武七年（1374年）分臨淮縣置，為鳳陽府治，治所在今安徽鳳陽。

國朝《大明會典》

黃河發源載于《元史》，其流至河南散漫泛溢，至山東峻急衝決，河防之法歷代有之。正統十三年，河溢滎陽縣，自開封府城北經曹濮州、陽穀縣[一]以入運河，至兗州府沙灣[二]之東、大洪之口而決，諸水從之入海。景泰四年，命官塞之，乃更作九堰八閘以制水勢，復於開封金龍口、筒瓦廂[三]等處，開渠二十里，引河水東北入運河。弘治二年，復決金龍口，東北至張秋鎮入運河，而紅荊口[四]并陳留[五]、通許[六]二縣水俱淤淺，復阻糧道，命官塞之。五年復決，命内臣及文武百官往治，又決張秋，運河水盡入海，發丁夫數萬，於黃陵岡南浚賈魯河一帶分殺水勢，下由梁進口至丁家道口[七]會黃河，出徐州，流入運河。又從黃河南浚孫家渡口，別開新河一道，導水南行，由中牟至潁川[八]，東入于淮。又浚四府營淤河，由陳留縣至歸德州，分為二派，一由宿遷縣小河口，一由亳縣渦河，會于淮。又從黃陵岡至楊家口築壩堰十餘，并築大名府三尖口等處長堤二百餘里，及修南岸于家店筒瓦廂等處堤一百六十里，始塞張秋，更名曰安平鎮。又於河東置減水石，壩下分五洞，以洩水勢。遇有淤塞損壞，管河官隨時修治。

【校注】

【一】陽穀縣，明屬兗州府，治所在今山東孟店。

【二】沙灣，今山東陽穀縣東。

【三】筒瓦廂，即銅瓦廂，今河南蘭考縣西北銅瓦廂集。

【四】紅荆口，今河南獲嘉。

【五】陳留縣，明屬開封府，治所在今河南陳留。

【六】通許縣，明屬開封府，治所在今河南通許。

【七】丁家道口，今河南商丘市東北雙八鎮。

【八】潁川，即潁川衛，明洪武初置，屬河南都司，今安徽阜陽境。

欽差巡撫河南地方都察院右副都御史[一]吳山[二]上疏言，據布、按二司[三]議得，夏邑縣白河一帶故道淤塞，下流衝漫，見今城外已為受水之壑，漸成巨浸。若不急為浚治，恐五六月之間河水勢湧，其浸没之患有不可勝言者矣。但召募之夫一時農忙，卒難齊集，隨查管河道簿，開封等七府所屬州縣，并汝州[四]原派河夫三萬六千三百六十五名，正為修河而設，相應起調浚築。除彰德、衛輝、懷慶三府隔河連年災重，河南府汝州寫遠俱免取用外，開封府所屬除祥符縣衝要，封丘、延津、陽武、原武四縣凋敝，量准起調一半，其餘許州等州、陳留等縣與汝寧府[五]所屬州縣，并南陽府[六]所屬裕州、舞陽、南陽、葉縣相離夏邑不遠，查原派河夫盡數取用，共二萬八十五名，委官管領，各照原議深闊里數，立限二個月工完。彰德等三府并南陽府所屬未起河夫州縣，行令管河道查照舊規，追取曠役銀兩，收貯聽用等因，備呈到臣。據此查得嘉靖六年間，黃河北徙小浮橋，旁枝湮塞，自曹、單、城武[七]等縣楊家口、梁靖口、吳士舉等處，奔潰四出，茫無津畔，徑趨沛縣，漕河橫流昭陽湖[八]東，而水半泥沙，勢緩則停，遇坎則滯，致淤運道三十餘里，阻滯糧運。該言官建白，敕令都御史盛[九]調集山東、河南、河北、直隸四省丁夫開挑趙皮寨支河以殺上流水勢，以保運道。自蘭陽縣東北舊河身挑起，經由儀封、杞縣、睢州、寧陵縣、歸德州，直抵夏邑縣城南白河一帶，二月工完，巨細分流，運道無阻。但白河下流舊有胡家橋一座，居民經行，彼時河水通流，前橋未拆。至嘉靖十年八月內，有重載客船二隻順流而下，水勢洶湧，撐挽不及，撞沉橋下，以致河口壅塞，洪水四散橫流，將夏邑等縣居民田廬淹沒。嘉靖十一年正月十五日，臣入境撫臨該縣，據軍民崔鑒等連名告稱，縣南白河淤塞，上自歸德州地名文家集起，至永城縣止，本縣田廬淹沒六十餘里，寬二十餘里，縣治周圍俱被水占，柴米價貴，民心驚惶，恐今歲夏秋水發，城池難保。乞調河夫，坐委官員，將胡家橋拆毀，浚通河身，仍修禦水大堤，使水行地中，民得安業等情。已行委開封府推官[一○]張瑾前去踏勘，覆批守巡各道會議。議稱白河原係黃河故道，先經挑浚，船筏通行。嘉靖十年八月內黃河逆流，日漸淤塞，上自何家營，下至胡家橋[一一]，計四十餘里，河身已成平地，橋口不復流水，散漫橫流，淹沒民田，委與軍民崔鑑等所告、推官張瑾所呈相同。估議調募丁夫三萬名，委官管領，分工挑浚，勒限三個月工完等因。臣尤恐不的，又委開封府知府顧鐸[一二]親詣踏勘，呈稱原議夫數自胡家橋起工，至何家營止，共計六百工，每工五十尺，每尺夫一名，共該夫三萬名，刻限三個月。今查得歸德等州縣各先到夫役每一名分一尺，自二月二十五日上工至三月初四日，僅十日即完一半，大約二十日可完一工，議止用夫二萬名，兩月工完等因。該臣看得前項事體重大，又經批行布、按二司掌印官會議去後，今據前因，臣會同巡按河南監察御史〔一三〕王儀〔一四〕看得嘉靖六年間黃河衝決，致傷沛縣漕渠，乃開浚趙皮寨白河一帶，所以分殺水勢以保護運道，以奠安民居。迄今纔及五年，下流淤塞，洪水奔潰，四散瀰漫，淹沒田廬週圍六十餘里，害及夏邑、虞永等縣。蓋彼時雖曾委官疏浚，率多苟簡，中有橋梁不行撤去，河口窄狹，弗能容納，一遇阻礙，遂爾橫流，致有今日之患。若不早為計處，誠恐伏水盛發，泛溢尤甚，近而夏邑等縣將為魚鱉之區，遠而眾水并流，全河獨下，萬一衝決，其害又有不可勝言者。譬之拯溺救焚不可時刻遲緩，事干民瘼國計，除臣等嚴督布、按二司并守巡管河等官，調集丁夫，委官管領，前去分工挑浚外，緣係地方水患事理，謹具題知。

【校注】

【一】都察院右副都御史，職官名，相當前代之御史中丞。

【二】山，原脫，據明崇禎十一年（1638 年）吳士顏刻本補。

【三】布、按二司，即布政司、按察司，地方行政、司法機構。

【四】汝州，明洪武初省梁縣（今河南汝州）入州，轄境相當今河南汝州、平頂山二市及汝陽、郟縣、寶豐、襄城、葉縣、魯山等縣地。

【五】汝寧府，治所在汝陽縣（今河南汝南），轄境約相當今河南京廣鐵路沿線以東，西平、項城以南，安徽潁河流域以西地。

【六】南陽府，治所在南陽縣（今河南南陽），轄境相當今河南伏牛山及葉縣以南，新野、桐柏二縣以北，舞陽、泌陽二縣以西地。

【七】城武縣，明屬兗州府，治所在今山東成武。

【八】昭陽湖，即山陽湖，今山東微山縣西北。

【九】盛，明崇禎十一年（1638年）吳士顏刻本作"盛應期"。盛應期（1474—1535），字思徵，號值庵，明南直隸蘇州府吳江（今屬江蘇）人。

【一〇】推官，職官名，明於各府皆設推官，掌理本府刑獄之事。

【一一】胡家橋，即胡家橋集，今河南夏邑縣東南胡橋鄉。

【一二】顧鐸，字孔振，明博興縣西隅（今屬山東）人。

【一三】監察御史，職官名，隸屬都察院，掌分察百官、巡按郡縣、糾視刑獄、整肅朝儀、分察六部、監倉庫等事。

【一四】王儀，字克敏，號肅庵，明順天府文安（今河北文安）人，著有《吳中田賦録》。

嘉靖十一年三月二十五日，欽差總理河道〔一〕都察院右僉都御史〔二〕戴〔三〕上疏，為備陳黃河事宜以寬聖慮事。臣歷魚臺縣按視新堤工程及黃河水勢，適新水泛漫，兩涯無土，工力難施，乃捨舟陸行，由金鄉縣〔四〕歷曹、武入河南界，開挑梁靖口，通賈魯舊河，闢趙皮寨，越汴梁，抵孫家渡，隨處分派丁夫，督以官屬，蓋欲疏浚上流，分殺水勢，徐為下流築塞之計。乃放舟黃河中流，遍觀大名等府舊嘗決處，返棹曹、單，循魚臺出沙河驛〔五〕，泊雞鳴臺〔六〕，往來魚、沛間，督築新堤決口，時已六月盡間矣。臣竊伏自念，頃者黃河變遷，運道阻患，陛下日夕憂勤，乃用言官議，不以臣愚不肖，謬承其任。臣圖報無方，不敢愛死，雖溽暑馳驅，豈敢辭勞？即今各處工程雖未報功，而始終本末已得梗概，用敢預先上陳，庶幾少寬陛下宵旰之憂，亦臣區區犬馬之微誠也。臣初受任時，訪求士大夫及道途來往，皆以魚臺水勢洶洶，似不可為，乃今觀之，殊有未然。夫天下之事可以遥斷者理，而不可遥定者形。故耳聞不如目見，意料不如身親。今議者欲尋故道而不知故道之未可盡復，欲除近患而不知近患之未亟去。臣請終言其説。夫黃河遷徙，自古不常，今北自天津，南至豐、沛，無尺寸地無黃河故道，其在當時，無不受其害者。古今言治河者俱無上策，唯漢賈讓言不與河争尺寸之地，先儒韙之，以為至論。今必求河之故道，則《禹貢》時九河乃在河間【七】、滄【八】、定【九】間。隋引河水入汴，南達江、淮，又引河鑿渠，北通（泒）[涿]【一〇】郡。今涿水路絶，惟淮流如故，然已非向者之舊。漢、唐皆都關中，不借河水之用。宋以都汴，切近河灾，其防河與防北寇彌費若等，然自始迄終，河患莫絶。我朝定鼎燕都，一切漕運，取給東南，自淮達徐，皆藉河水之力。往年河入豐、沛，沽頭上下諸閘皆廢，而舟楫返利。今年天旱不雨，運道幾涸，濟寧以南若無魚臺之水，則漕舟非旬月可至，此河水不可無之明驗也。臣到河南，見河東北岸比西南低下不啻四五尺，若引而決之，由東平張秋入海，為力甚易，魚臺之水涸可立待。然中梗運道，東兖以下必皆厄塞。故國家立法，盡三省之力，自開封府筒瓦廂以至考城縣流通集等處防守東北岸，如防盜賊，意固有在，然猶未也。又必如議者之説，地道變遷，九河可復，由鄭、衛、滄、景以至天津入海，庶幾河患永絶。然恐徐、淮以下一帶皆涸，尤不可之大者也。昔者禹治九河，不過達海而止，古今以行所無事稱之。今欲治河之患，而又欲借以濟吾用，使禹復治，必不用往日之法矣。臣所謂故道之不可盡復者此也。河水所至，必為民患，今不暇遠舉，且如弘治年間河溢，曹、單淹没一二十年，至正德年間河徙豐、沛，而後曹、單之患息又一二十年，至前年夏秋復徙魚臺，而後豐、沛之患息。今飛雲橋路絶，高過平地，又純是淤沙，人力難施，決無復通之理。縱使復通，不過移魚臺之患於豐、沛，是一患未除而一患復生也。夫河水驟至，名曰天灾，人猶嗷嗷，今豐、沛之民方且息肩，又欲引水而灌注之，民其謂何？昔宋神宗時河決滄、景，司馬光議棄北流而治東流，以俟二三年河流深廣，然後徐議。神宗曰：“東北流之患孰為重輕？”光曰：“兩地皆吾赤子，然北流已殘破，而東流尚完。”議者以神宗所問有君人之度，而司馬光所見得權時之宜。援古酌今，何以異此。臣所謂近患之未可亟去者此也。臣歷考河志，洪武元年河決舊曹州，自變河口入魚臺縣。太祖高皇帝用兵梁、晋間，使大將軍【一一】徐達【一二】開塌場口【一三】入于泗，以通運道。後因河口壅淤，乃修師家莊、石佛諸閘，又開濟寧州西耐牢坡，接引曹、鄆黄河水，以通梁、晋之粟。永樂九年，太宗文皇帝復命刑部侍郎【一四】金純【一五】看視河勢，發河南運木丁夫開浚故道，自開封引水，復入魚臺塌場口，出穀亭北十里，以修太祖時故事，今所謂永通【一六】、廣運【一七】二閘是也。由此言之，則魚臺乃河之故道，議者偶未之考耳。為今之計，欲治魚臺之患，必先治魚臺所以致患之本，欲治魚臺致患之本，必委魚臺以為受水之地。蓋河之東北岸與運道為鄰，惟有西南流一由孫家渡出壽州，一由渦河出懷遠，一由趙皮寨出桃源，一由梁靖口【一八】出徐州小浮橋。往年四道俱塞，而以全河南奔，故豐、沛、曹、單、魚臺以次受害。今不治其本，而欲急除魚臺之患，臣恐魚臺之患不在豐、沛，必在曹、單間矣。然臣所以欲暫委魚臺而不治者，其說有三，其策亦有三。夫治水者先正其本，浚流者先導其源，上源既分，則下流自殺，其說一也。臣初到魚臺，夏麥已收，新水適至，被水之鄉已為棄地，縱欲耕種，須待明年。今（雖）〔歲〕【一九】不治，民不大病，其說二也。河流既久，將自成渠，因而導之，當易為力，既免勞費無益之憂，且無東奔西突之患，其說三也。五月二十二日，臣已將梁靖口開通賈魯河。六月初五日，又將趙皮寨加闢深廣。但魚臺之功未完，以此未敢具奏。惟孫家渡雖已挑通而行水尚少，方議開浚渦河一道，議者以中經祖陵，未敢輕舉。今山、陝巨商往來汴梁者，皆由小浮橋直泝梁靖口，趙皮寨河口舊止五十餘步，今已闊一里許，下流不能容，乃至漫入夏邑，此二河皆上年所未有之事，大約河勢已殺十之三四，然魚臺之水所以未即消者，以前人議築新堤橫亘其東，無所於洩故也。臣初到時即已病之，今議於新堤開設水門數處，使入昭陽湖，及盛應期所挑新河，出金溝、留城、境山，庶幾西岸之水可以少平。然一時木石俱難卒辦，聊以樁葦權宜應變而已，候秋水稍落之後，另議興工。魚臺之水雖多，然皆泛漫，實未成河。其趙皮寨與開封府筒瓦廂、大名府杜勝集[二〇]等處相對，梁靖口與曹州娘娘廟、考城縣[二一]流通集等處相對。臣已預戒官夫重加捲埽，乘此魚臺之水下壅之時，逼之使西南流，一策也。二河既通，孫家渡冬月可完，雖渦河一道，方在別議，然以其一出魚臺，四道並行，其勢已弱，則所來之水反足以濟吾運道之不足。如往年河出豐、沛，沽頭上下諸閘不事啓閉，而舟楫通利，一策也。萬一溢出穀亭以北，則候其河流漸深，河渠漸廣，因而通塌場口故道。今永通、廣運二閘俱存，閘夫編設如故。嘉靖六七年間，曾因大水糧運皆由此行，比與濟寧諸閘近便甚多，此可以復國初之舊，又何患焉，一策也。夫有前三説，并此三策，故臣斷然以賈讓、司馬光之言為可行。然臣私憂過計，黃河變遷，自古不常，以臣之愚，豈能逆料於三策之中，（俱）[但][二二]審觀事勢，為今之計，不過如此。萬一此後果如愚慮，出臣前策，則河有西南之漸，永無運道之虞，固其上也。出臣後策，則借此河水之力足資運道之利，亦其次也。臣材識迂疏，不逮前人，而又承此久殘極弊之餘，東馳西騁，奔救未及。伏望陛下鑒臣愚慮，察臣愚忠，不棄芻言，不惑流議，特與密勿大臣參議可否，使臣得以一意從事，庶幾少畢犬馬之力，以報陛下知遇之恩。尤望陛下少寬南顧之憂，以享和平之福。臣不勝惓惓願望候命之至。嘉靖十一年　月。

【校注】

【一】總理河道，職官名，河道總督的別稱，總河之設始於明成化七年（1471 年）王恕以工部侍郎總理河道。

【二】都察院右僉都御史，職官名，都察院於都御史、副都御史下設僉都御史，掌巡按州縣、考察官吏。

【三】戴，明崇禎十一年（1638 年）吳士顏刻本作“戴時宗”，戴時宗（1494—1558 年），字宗道，號良崗，明福建長泰縣（今屬福建）人，著有

《朽庵存稿》。

【四】金鄉縣，明屬兗州府，治所在今山東金鄉。

【五】沙河驛，明置，今河北遷安縣西南。

【六】雞鳴臺，在今江蘇沛縣北。

【七】河間，即河間府，治所在今河北河間，轄境相當今河北河間市以南，蕭寧、獻縣以東，滄州、大城以西，泊頭市以南地。

【八】滄，即滄州，治所在今河北滄州。

【九】定，即定州，治所在今河北定州。

【一〇】涿，原作“泒”，據史實改。

【一一】大將軍，武官名，明時大將軍地位復高，不常置。

【一二】徐達（1332—1385 年），字天德，明濠州鍾離（今安徽鳳陽）人，開國功臣，追封中山王，謚武寧。

【一三】塌場口，今山東魚臺縣穀亭鎮北。

【一四】刑部侍郎，職官名，刑部副長官，刑部尚書之貳，掌律令、正刑名、案復大理及諸州應奏之事。

【一五】金純（？—1440 年），字惟人，號德修，明鳳陽府泗州仁信四圖應山集（今屬安徽）人。

【一六】永通閘，今山東濟寧市任城區安居鎮北。

【一七】廣運閘，今山東魚臺縣穀亭鎮以北。

【一八】梁靖口，今山東成武。

【一九】歲，原作“雖”，據文意改。

【二〇】杜勝集，亦作杜聖集，明置杜勝集巡司，屬東明縣，今山東東明縣南碼頭鎮。

【二一】考城縣，明正統二年（1437 年）徙治今河南民權縣東北北關鎮。

【二二】但，原作“俱”，據文意改。

《治河通考》卷之十

理河職官考

有虞氏

舜曰："咨！四岳，有能奮庸熙帝之載，使宅百揆，亮采惠疇？"僉曰："伯禹作司空。"帝曰："俞，咨！禹，汝平水土，惟時懋哉！"禹拜稽首，讓于稷、契暨皋陶。帝曰："俞，汝往哉！"帝曰："來，禹！降水儆予，成允成功，惟汝賢。"

初，秦漢有都水長丞，主陂塘、灌溉，保守河渠，自太常、少府及三輔，皆有其官。漢武帝以都水官多，乃置左、右使（都）[者]【一】以領之。至漢哀帝，省使者官。至東京，凡都水皆罷之，并（罷）[置]【二】河堤謁者【三】。

【校注】

【一】者，原作"都"，據《通典》卷二七（中華書局 1988 年版）改。

【二】置，原作"罷"，據《通典》卷二七改。

【三】河堤謁者，職官名，漢置，掌水利的官員，漢時都水使者亦稱河堤謁者。

漢成帝

河平元年春，杜欽[一]薦王延世[二]為河堤使者[三]，三十六日堤成，賜延世爵關內侯[四]。

【校注】

【一】杜欽，字子夏，西漢南陽杜衍（今河南南陽）人。

【二】王延世，字和叔，一字長叔，西漢犍為資中（今屬四川）人。

【三】河堤使者，職官名，漢置，為朝廷差遣官，其職掌巡河堤防。

【四】關內侯，有侯號而居京畿，無封邑，故稱。

哀帝初，平當[一]為鉅鹿[二]太守[三]，以經明《禹貢》，使行河，為騎都尉[四]，領河堤。

【校注】

【一】平當（？—前4年），字子思，西漢梁國下邑（今屬河南）人，徙扶風平陵（今屬陝西）。

【二】鉅鹿，即鉅鹿郡，治所在鉅鹿縣（今河北平鄉），轄境相當今滹沱河以南、平鄉以北，柏鄉以東，辛集、新河以西地。

【三】太守，郡長官名。

【四】騎都尉，職官名，漢統領騎兵的高級軍官，本監羽林騎，秩比二千石。

晉武帝省水衡，置都水臺[一]，有使者一人，掌舟航及運部，而河堤為都水官屬。江左省河堤。

【校注】

【一】都水臺，晉置，掌舟楫水利之事，其長官稱都水使者。

梁改都水使者為大舟卿，位視中書郎，卿之最末者，主舟航河堤。陳因之。後魏初皆有水衡都尉及河堤謁者、都水使者官。

隋煬帝河渠署置令、丞各一人。唐因之。

唐玄宗

開元十六年，以宇文融[一]充九河使。

【校注】

【一】宇文融（？—730年），唐京兆萬年（今屬陝西）人。

晉[一]

天福二年九月，判詳定院[二]梁文矩[三]奏：“以前汴州陽武縣主簿[四]左墀進策十七條，可行者四，其一請於黃河夾岸仍防秋水暴漲，差上戶充堤長，一年一替，委本縣令十日一巡。如怯弱處不早處［治］[五]，官旋令修補，致臨時（偷）［渝］[六]決，有害秋苗，既失王租，俱為墮事，堤長處死，縣令勒停。”敕曰：“修葺河岸，深護田農，每歲差堤長檢巡，深為濟要，逐旬遣縣令看行，稍恐煩勞。堤長可差，縣令宜止。”四月，詔曰：“近年以來，大河頻決，漂蕩人戶，妨廢農桑，言念蒸黎，因茲凋弊。凡居牧［守］[七]皆委山河，既在封巡，所宜專功。起今後宜令沿河廣晉[八]開封[九]府尹[一〇]、逐處觀察[一一]防禦使[一二]、刺史[一三]等並兼河堤使名額，任便差選職員，分擘勾當，有堤堰薄怯、水勢衝注處，預先計度，不得臨時失於防護。”

【校注】

【一】晉，指後晉，下文為高祖朝事。

【二】判詳定院，職官名。判，以中央官擔任地方官或以高官出任低官。詳定院，官吏機構，掌御試舉人時審定初考官與覆考官所定等第。

【三】梁文矩（885—943 年），字德儀，五代後晉鄆州（今屬山東）人。

【四】主簿，職官名，掌文書簿籍之事。

【五】治，原脱，據《全唐文》卷八五一（中華書局 1983 年版）補。

【六】渝，原作“偷”，據《全唐文》卷八五一改。

【七】守，原脱，據《全唐文》卷一百十五補。

【八】廣晉府，五代後晉天福二年（937 年）改興唐府置，治元城、廣晉二縣（今河北大名）。

【九】開封府，治所在開封、浚儀二縣（今河南開封）。

【一〇】府尹，職官名，掌一府的行政長官。

【一一】觀察使，職官名，或稱觀察處置使，掌察所部善惡，舉大綱，凡奏請皆屬於州。

【一二】防禦使，職官名，掌本區軍務，防禦寇亂。

【一三】刺史，州長官，掌奉詔巡察諸州，以六條問事，刺舉所部官吏非法之事。

周【一】

顯德二年三月壬午，李穀【二】治河堤回見。先是，河水自楊劉【三】北至博州界一百二十里，連歲潰東岸，而為派者十有二焉。復匯為大澤，漫漫數百里。又東北壞古堤而出注齊、棣、淄、青，至于海涘，壞民廬舍，占民良田，殆不可勝計，流民但收野稗，捕魚而食。朝廷連年命使視之，無敢議其功者。帝嗟東民之病，故命輔相親督其事，凡役徒六萬，三十日而罷。

【校注】

【一】周，指後周，下文為世宗朝事。

【二】李穀（903—960 年），字惟珍，五代後周潁州汝陰（今屬安徽）人。

【三】楊劉，今山東東阿縣東北楊柳鄉。

宋

太祖

乾德五年正月，詔開封府、大名府、鄆、澶、滑、孟、濮、齊、淄、滄、棣、濱、德、博、懷、衞、鄭等州長吏[一]並兼本州河堤使，蓋以謹力役而重水患也。

【校注】

【一】長吏，職官名，官府屬吏，有時亦用以泛稱地方州縣長官。

開寶五年三月，詔曰："朕每念河渠潰決，頗為民患，故署使職以總領焉，宜委官聯佐治其事。（目）[自][一]今開封等十七州府各置河堤判官一員，以本州通判充。如通判闕員，即以本州（判）[二]官充。"五月，河大決濮陽，又決陽武。詔發諸州兵及丁夫凡五萬人，遣潁州團練使曹翰[三]護其役。

【校注】

【一】自，原作"目"，據《宋史・河渠志》改。

【二】判，原脫，據《宋史・河渠志》補。

【三】曹翰（924—992 年），北宋大名（今屬河北）人，卒謚武毅。

太宗

太平興國二年秋七月，河決。遣左衛大將軍[一]李崇矩[二]騎置自陝西至滄、棣，案行水勢。三年正月，命使十七人分治黄河堤，以備水患。滑州靈河縣河[三]塞［復］[四]決，（上）[五]命西［上］[六]閣門使[七]郭守文[八]率卒塞之。

【校注】

【一】左衛大將軍，職官名，禁軍將領，名義上總制内府外府及五府，實掌番上府兵五十府，奉行宫廷禁衛的法令。

【二】李崇矩（924—988 年），字守則，北宋潞州上党（今屬山西）人，卒謚元靖。

【三】靈河縣，治所在今河南滑縣西南。

【四】復，原脱，據《宋史·河渠志》補。

【五】上，衍文，據《宋史·河渠志》删。

【六】上，原脱，據《宋史·河渠志》補。

【七】西上閣門使，職官名，職掌禮儀的職官，掌供奉朝會，贊引親王、宰相、百官、蕃客朝見、呈遞奏章、傳宣詔命等。

【八】郭守文（935—989 年），字國華，北宋并州太原（今屬山西）人，卒謚忠武。

七年，河大漲，詔殿前承旨劉吉馳往固之。

八年，時多陰雨，河久未塞，帝憂之。遣樞密直學士[一]張齊賢[二]乘傳詣白馬津[三]，用太牢加璧以祭。十二月，滑州言決河塞，群臣稱賀。

【校注】

【一】樞密直學士，職官名，宋樞密直學士與觀文殿學士並重，掌侍從，備顧問，其兼簽書樞密院事者掌樞密軍政文書。

【二】張齊賢（942—1014年），字師亮，北宋曹州冤句（今屬山東）人，卒諡文定，著有《書録解題》《洛陽搢紳舊聞記》等。

【三】白馬津，今河南滑縣東北古黄河東岸。

九年春，滑州復言房村河決，乃發卒五萬，以侍衛步軍都指揮使【一】田重進【二】領其役，又命翰林學士【三】宋白【四】祭白馬津，沉以太牢加璧，未幾役成。

【校注】

【一】侍衛步軍都指揮使，職官名，又稱侍衛親軍步軍都指揮使，北宋侍衛親軍步軍都指揮使司的長官，為全國禁軍三帥之一。

【二】田重進（929—997年），字重進，北宋幽州（今屬北京）人。

【三】翰林學士，職官名，為文學侍從之臣，專掌内命詔敕。

【四】宋白（933—1009年），字太素，一作素臣，北宋大名（今屬河北）人，卒諡文憲，著有《宋文安公宮詞》。

淳化二年三月，詔：“長吏以下及巡河主埽使臣經度行視河堤，勿致壞隳，違者當實于法。”

五年正月，帝命昭宣使【一】羅州刺史杜彦鈞率兵夫鑿河開渠。

【校注】

【一】昭宣使，職官名，北宋太宗淳化四年（993年）置，為宦官高級階官。

真宗

咸平三年，詔："緣河官吏，雖秩滿，須水落受代。知州、通判兩月一巡堤，縣令、佐迭巡堤防，轉運使勿委以他職。"又申嚴盜伐河上榆柳之禁。

仁宗

天聖五年，塞決河。轉運使五日一奏河事。

至和二年，以知澶州事李璋[一]為總管，（運事）[轉運][二]使周沆[三]權同知澶州，內侍都知[四]鄧保吉為（鈐）[鈐][五]轄，殿中丞[六]李仲昌[七]提舉河渠，內殿承制[八]張懷恩為都監。而保吉不行，以內侍押班王從善代之。以龍圖閣直學士施昌言[九]總領其事，提點開封府界縣鎮事[一〇]蔡挺[一一]、勾當河渠事[一二]楊緯同修河決。

【校注】

【一】李璋，字子清，北宋廬陵（今屬江西）人。

【二】轉運，原作"運事"，據《宋史·河渠志》改。

【三】周沆（999—1067年），字子真，北宋青州益都（今屬山東）人。

【四】內侍都知，內侍官名，屬入內內侍省及內侍省，統轄都知者為都都知，亦有都知、副都知、押班等。

【五】鈐，原作"鈐"，據《宋史·河渠志》改。

【六】殿中丞，殿中省（掌御前供奉的機構）官，掌御前供奉及禮儀。

【七】李仲昌，北宋博州聊城（今屬山東）人。

【八】內殿承制，即內殿崇班，宋代武臣階官。

【九】施昌言（？—1064年），字正臣，北宋通州靜海（今屬江蘇）人。

【一〇】提點開封府界縣鎮事，職官名，提點開封府界諸縣鎮公事，北宋設專掌監察開封府地區各縣、鎮的刑獄、盜賊、場務及河渠等事務的官員。

【一一】蔡挺（1014—1079 年），字子政，一作子正，北宋宋城（今屬河南）人。

【一二】勾當河渠事，職官名，宋置，掌修河決等事。

嘉祐元年，宦者劉恢奏：“六塔之役，水死者數千萬人，穿土干禁忌，且河口乃趙征村，于國姓、御名有嫌，而大興鍤鐹，非便。”詔御史吳中復[一]、內侍鄧守恭置獄于澶，劾仲昌等違詔旨，不俟秋冬塞北流而擅進約，以致決潰。懷恩、仲昌（乃）[仍][二]坐取河材為器，懷恩流潭州[三]，仲昌流英州[四]，施昌言、李（章）[璋][五]以下再謫，蔡挺奪官勒停。仲昌，垂[六]子也。

【校注】

【一】吳中復（約 1011—1078 年），字仲庶，北宋興國永興（今屬湖北）人。

【二】仍，原作“乃”，據《宋史·河渠志》改。

【三】潭州，治所在今湖南長沙，轄境相當今湖南長沙、株洲、湘潭、益陽、瀏陽、湘鄉、醴陵等市縣地。

【四】英州，治所在今廣東英德，轄境相當今廣東英德市地。

【五】璋，原作“章”，據《宋史·河渠志》改。

【六】李垂（965—1033 年），字舜工，北宋博州聊城（今屬山東）人。

熙寧元年十一月，詔翰林學士司馬光入內侍省，副都知張茂則乘傳相度四州生堤，回日兼視六塔、二股利害。

六年四月，始置疏浚黃河司，差范子淵都大提舉，李公義為之屬。許不拘常制，舉使臣等，人船、木鐵、工匠，皆取之諸埽，官吏奉給視都水〔司〕[一]監丞司，行移與監司敵體。

【校注】

【一】司，原衍，據《宋史·河渠志》刪。

哲宗

元祐元年九月，詔秘書監張問[一]相度河北水事。十月，又以王令圖領都水，同問行河。

【校注】

【一】張問，字昌言，北宋襄陽（今屬湖北）人。

四年，復置修河司。

五年，罷修河司及檢舉。

七年四月，詔："南北外兩丞司管下河埽，今後令河北、京西轉運使、副、判官、府界提點分認界至，內河北仍於（御）〔銜〕[一]內帶'兼管南北外都水公事'。"

【校注】

【一】銜，原作"御"，據《宋史·河渠志》改。

元符三年，以張商英為龍圖閣待制[一]、河北都轉運使兼專功提舉河事。七月，詔："商英毋治河，止釐本職。"其因河事差辟官吏并罷，復置北外都水丞司。

【校注】

【一】龍圖閣待制，龍圖閣職官，北宋景德元年（1004 年）置。

政和五年，置提舉修繫永橋所，以開河官吏令提舉所具功力等第聞奏。都水孟昌齡遷工部侍郎。

十月，中書省〔一〕言冀州知州辛昌宗武臣不諳河事，詔以王仲元代之。十一月乙亥，臣僚言：“願申飭有司，以（月）〔日〕〔二〕繼月，〔視〕〔三〕水向著，隨為堤防，益加增固，每遇漲水，水官、漕臣不輒巡視。”詔付昌齡。

【校注】

【一】中書省，中央政令所出機構，掌全國政務。

【二】日，原作“月”，據《宋史·河渠志》改。

【三】視，原脫，據《宋史·河渠志》補。

七年六月，都水使者孟（楊）〔揚〕〔一〕言：“（裕）〔欲〕〔二〕措置開修北河，如舊修繫南北兩橋。”九月丁未，詔（楊）〔揚〕〔三〕專一措置，而令河陽守臣王序營辦錢糧，督其工料。

重和元年秋，雨，廣武埽危急，詔內侍王仍相度措置。

宣和四年四月壬子，都水使者孟（楊）〔揚〕〔四〕言：“奉詔修繫三山東橋，凡役工十五萬七千八百，今累經漲水無虞。”詔因橋壞失職降秩者俱復之。（楊）〔揚〕〔五〕自正議大夫〔六〕轉正奉大夫〔七〕。

【校注】

【一】揚，原作“楊”，據《宋史·河渠志》改。

【二】欲，原作“裕”，據《宋史·河渠志》改。

【三】揚，原作"楊"，據《宋史·河渠志》改。

【四】揚，原作"楊"，據《宋史·河渠志》改。

【五】揚，原作"楊"，據《宋史·河渠志》改。

【六】正議大夫，文散官名，元豐改制用以代六部侍郎，後定為文官第八階。

【七】正奉大夫，文散官名，北宋大觀二年（1108）為文官第七階。

欽宗

靖康元年二月乙卯，御史中丞【一】許翰【二】言："保和殿大學士【三】孟昌齡、延康殿學士【四】孟（楊）[揚]【五】、龍圖閣直學士孟揆父子相繼領職二十年，過惡山積。妄設堤防之功，多張（稍）[梢]【六】椿之數，窮竭民力，聚斂金帛，交結權要，内侍王仍為之奥主，超付名位，不知紀極。大河浮橋，歲一造舟，京西之民猶憚其役，而昌齡首建三山之策，回大河之勢，頓取百年浮橋之費，僅為數歲行路之觀。漂没生靈，無慮萬計，近輔郡縣，蕭然破殘。所辟官吏，計金敘績，富商大賈，爭注名牒，身不在公，遥分爵賞。每興一役，乾没無數，省部御史，莫能鈎考。陛下方將澄清朝著，建立事功，不先誅竄昌齡父子，無以（詔）[昭]【七】示天下。望籍其姦贓，以正典刑。"詔並落職，昌齡在外宫觀，（楊）[揚]【八】（揆）【九】依舊權領都水監職事，揆候措置橋船畢取旨。翰復請鈎考簿書，發其姦贓。乃詔：昌齡與中大夫【一〇】，（楊）[揚]【一一】、揆與中奉大夫【一二】。

【校注】

【一】御史中丞，職官名，御史大夫之副，協助御史大夫起監察作用的主要長官。

【二】許翰（？—1133年），字崧老，宋拱州襄邑（今屬河南）人，著有《論語解》《春秋傳》。

【三】保和殿大學士，宋學士職名，北宋宣和元年（1119年）由宣和殿大學士改置，出入侍從，以備顧問，無官守，無職掌，資望極高。

【四】延康殿學士，宋學士職名，北宋政和四年（1114年）由端明殿學士改置，出入侍從，以備顧問，無官守，無職掌，為翰苑及宰執大臣的榮銜。

【五】揚，原作"楊"，據《宋史·河渠志》改。

【六】梢，原作"稍"，據《宋史·河渠志》改。

【七】昭，原作"詔"，據《宋史·河渠志》改。

【八】揚，原作"楊"，據《宋史·河渠志》改。

【九】揆，脫字，據《宋史·河渠志》補。

【一〇】中大夫，文散官名，從四品下。

【一一】揚，原作"楊"，據《宋史·河渠志》改。

【一二】中奉大夫，文散官名，正四品。

　　初，宋都水監判監事【一】一人，以員外郎【二】以上充；同判監一人，以朝官以上充；丞二人，主簿一人，並以京朝官充。掌內外河渠堤堰之事，輪遣丞一人出外治河堨之事，或一歲再歲而罷。其間有諳知水政，或至三年者。置局于澶州，號曰外監寺司，押司【三】官一人。元豐八年，詔提舉汴河堤岸司隸本監。先是導洛入汴，專置堤岸司，至是歸之都水司。元祐時詔南北外都水丞並以三年為任，七年方議回河流，乃詔河北、京西漕臣及開封府界提點各兼南、北外都水事。宣和三年，詔罷南北外都水丞司，依元豐法通差文武官一員。四年，臣僚言："都水監因恩州修河，舉辟文武官至百二十餘員，授牒家居，不省所領何事，皆乘傳給券，第功希賞。"詔除正官十一員外，餘並罷。所隸有東、（京）［西］【四】四排岸司監官，各以京朝官【五】、閣門祗候【六】以上及三班使臣【七】充，掌水運（網）［綱］【八】船輪納（雇）［顧］【九】

直之事。汴河上下鎖、蔡河上下鎖各監官一人，以三班使臣充，掌算舟船木筏之事。天下堰總（三）［二］【一〇】十一，監官各一人，渡總六十五，監官各一人，皆以京朝官、三班使臣充，亦有以本處監當兼掌者。

【校注】

【一】判監事，職官名，監事，監某項具體事務的吏員。

【二】員外郎，職官名，曹司次官。

【三】押司，職官名，宋官署中的書吏，掌辦理案牘文書等事務。

【四】西，原作“京”，據《文獻通考》卷五七（中華書局 2011 年版）改。

【五】京朝官，宋稱在京的常參官與未常參官為京朝官。

【六】閤門祗候，宋代閤門使的屬官，協助閤門舍人，掌朝會宴享贊相禮儀之事。

【七】三班使臣，宋低級供奉武官的泛稱。

【八】綱，原作“網”，據《文獻通考》卷五七改。

【九】顧，原作“雇”，據《文獻通考》卷五七改。

【一〇】二，原作“三”，據《文獻通考》卷五七改。

元世祖

至元九年七月，衛輝河決。委都水監丞馬良弼與本路官同詣相視，修完之。

成宗

大德二年秋七月，河決，漂歸德。遣尚書那懷、御史劉賡【一】等塞之。

【校注】

【一】劉賡（1248—1328 年），字熙載，元名水（今屬河北）人，著有《道園學古録》。

武宗

至大三年十一月，河北河南道廉訪司言："於汴梁置都水分監，妙選廉幹、深知水利之人，專職其任，量存員數，頻爲巡視，職掌既專，則事功可立。"於是省令都水監議："黄河泛漲，止是一事，難與會通河爲比。先爲御河添官降印兼提點黄河，若使專一，分監在彼，則有妨御河公事。况黄河已有拘該有司正官提調，自今莫若分監官吏以十月往，與各處官司巡視缺破，會計工物督治，比年終完。來春分監新官至，則一一交割，然後代還，庶不相誤。"工部議："黄河爲害，難同餘水。欲爲經遠之計，非用通知古今水利之人專任其事，終無補益。河南憲司所言詳悉，今都水監別無他見，止依舊例議擬未當。如量設官，精選廉幹奉公、深知地形水勢者，專任河防之職，往來巡視，以時疏塞，庶可除害。"省準令都水分監官專治河患，任滿交代。

仁宗

延祐元年八月，河南行中書省[一]委太常丞[二]郭奉政[三]、前都水監丞邊承務[四]、都水監卿朵兒只[五]、河南行省石右丞、本道廉訪副使（帖）［站］[六]木赤、汴梁判官張承直，上自河陰，下至陳州，與拘該州縣官一同沿河相視。

【校注】

【一】行中書省，元地方行政機構，簡稱行省，總領一切地方軍政事務。

【二】太常丞，職官名，協助太常（掌宗廟祭祀、禮樂及文化教育的官員）掌管陵廟禮儀及寺内諸曹事務的總管。

【三】奉政，即奉政大夫，職官名，元正五品文階官。

【四】承務，即承務郎，職官名，元從六品文階官。

【五】朵兒只（1304—1355 年），元蒙古人，札剌兒亦作札剌亦氏。

【六】站，原作"帖"，據《元史·河渠志》改。

十一年【一】四月初四日，下詔中外，命賈魯以工部尚書為總治河防使【二】，進秩二品，授以銀印，發汴梁、大名十有三路民十五萬人，廬州【三】等戍十有八翼軍二萬人供役，一切從事，大小軍民，咸稟節度，便（益）[宜]【四】興繕。

【校注】

【一】此處指元順帝至正十一年。

【二】總治河防使，河道官，元置，掌修治黃河之事。

【三】廬州，即廬州路，元至元十四年（1277 年）升廬州置，屬河南行省，治所在合肥縣（今安徽合肥），轄境相當今安徽合肥、六安、霍山、廬江、無為、和縣及湖北英山等市縣間地。

【四】宜，原作"益"，據《元史·河渠志》改。

國朝

或以工部尚書、侍郎、侯、伯、都督【一】提督運河。自濟寧分南北界，或差左右通政【二】、少卿【三】，或都水司屬分理，又遣監察御史【四】、錦衣衛千戶【五】等官巡視。其沿運河之閘泉，及徐州、呂梁二洪，皆差官管理，或以御史，或以郎中，或以河南按察司官，後皆革去，而止設主事，三年一代。然俱為漕運之河，不為黃河也。唯總督河道大臣則兼理南【六】、北直隸【七】、河南、山東等處黃河，亦以黃河之利害與運河關也。總督之名自成化、弘治間始，或以工部侍郎，或以都御史，常於濟寧駐札。其河南、山東二省巡撫都御史則璽書所載，河道為重務。又二省各設按察司副使一員，專理河道。山東者則以曹濮兵備帶管，其巡視南北運河御史亦以各巡鹽御史兼之，不別差也。

【校注】

【一】都督，軍事長官，亦可兼領地方政務，明改元樞密院為大都督府，後又置五軍都督府，以左、右都督等統領各地衛所。

【二】左右通政，職官名，明朝在兩京設置通政司，司長官為通政使，左右通政為佐官，職掌呈轉、封駁內外章奏和引見臣民之言事者諸事。

【三】左右少卿，職官名，諸寺多置此職，為正卿之副貳。

【四】監察御史，監察官，明隸屬都察院，掌分察百官、巡按州縣、糾視刑獄、整肅朝儀、分察六部等事。

【五】錦衣衛千戶，職官名，明代衛所兵制設千戶所，千戶為長，統兵一千一百二十人，上屬於衛。錦衣衛，明專有的軍政搜集情報機構，掌直駕侍衛、巡查緝捕，直接向皇帝負責。

【六】南直隸，直隸於南京的地區，轄境相當今安徽、江蘇二省及上海市地區。

【七】北直隸，明永樂後直隸於京師（今北京）的地區，轄境相當今北京、天津二市、河北大部和河南、山東小部地區。

成化十年，令九漕河事悉聽專掌官區處，他官不得侵越，凡所徵椿草并折徵銀錢備河道之用者，毋得以別事擅支。凡府州縣添設通判、判官、主簿、閘壩官專理河防，不許別委。凡府州縣管河及閘壩官有犯，行巡河御史等官問理，別項上司不得徑自提問。

弘治二年，河徙為二，傷及運道，擢浙江左布政使[一]劉大夏[二]為都察院右副都御史修治，功不卒就。六年，河決張秋，乃復命內官監[三]太監李興、平江伯陳銳[四]同治，分屬方面憲臣，河南按察司副使張鼐等各統所屬兵民夫匠築臺捲埽。工畢，賜李興祿米歲二十四石，加陳銳太保[五]兼太子太傅[六]，祿米歲二百石，進劉大夏右都御史理院事，及諸方面官有功者進秩增俸有差。

【校注】

【一】左布政使，職官名，明省級行政長官。明時全國分十三布政司，每司設左、右布政使一人。

【二】劉大夏（1437—1516年），字時雍，號東山，明湖廣華容（今屬湖南）人，謚忠宣，著有《東山詩集》《劉忠宣公集》等。

【三】内官監，明代内廷諸監司之一，職掌成造婚禮等儀仗物品及内官内使貼黄諸造作，並宫内器用首飾、食米庫藏等雜事。

【四】陳鋭，明廬州府（今屬安徽）人。

【五】太保，帝王輔弼之官，無實權。

【六】太子太傅，東宫官，掌以道德教太子，無定員，無專授，為勳戚文臣的兼官、加官或贈官。

正德四年九月，河決曹縣楊家口，敕命工部左侍郎崔岩會同鎮巡議處修治。八月，岩以母喪去，更命本部右侍郎李[一]代之，督同方面參政史學等興工，至十一月終以寒凍放回。次年正月復舉，二月中旬工將就緒，適值流賊，特命停止。侍郎李（撽）[檄][二]取回京。

【校注】

【一】李，明崇禎十一年（1638年）吴士顔刻本作“李鏜”，即李堂（1462—1524年），字時升，號堇山，明浙江鄞縣（今屬浙江）人，著有《正學類稿》《堇山集》等。

【二】檄，原作“撽”，據明崇禎十一年（1638年）吴士顔刻本改。

正德七年，敕命都察院右副都御史劉愷總理河道。愷擢兵部侍郎[一]掌通政司事，回京整理曹州等處兵備兼理河道，山東按察司副使吳漳，督同曹州知州吳瓚[二]、濟寧州同知賈存哲往來巡視，祭告河神，獲完，達撫按，請大臣總理。擢巡撫都御史趙璜[三]為工部右侍郎，仍兼憲職，總理其事。璜請兗州府添設同知，大名府添設通判，曹縣、城武、東明、長垣各設主簿一員，專事河防。璜具工完始末，繪圖以聞。值邊警，改命整飭直隸永平等處武備。

【校注】

【一】兵部侍郎，兵部屬官，佐兵部尚書掌天下武官選授和簡練之令。

【二】吳瓚，字器之，明浙江仁和（今屬浙江）人，著有《武林紀事》。

【三】趙璜，字庭實，號西峰，明安福（今屬江西）人，謚莊靖。

《漢河堤謁者箴》

崔瑗[一]撰

伊昔鴻泉，浩浩滔天。有夏作空，爰奠山川。導河積石，鑿于龍門。疏為砥柱，率彼河滸。大陸既礙，播于北野。濟漯咸順，沂泗從流。江淮湯湯，而冀宅乃州。澹菑瀡瀡，東歸于海。九野孔安，四隩不殆。爰及周衰，夏績陵遲。導非其導，堙非其堙。八野填淤，水高民居。溢溢滂汩，屢決金堤。瓠子潺湲，宣房作歌。使臣司水，敢告執河。

【校注】

【一】崔瑗（77—142年），字子玉，東漢安平（今屬河北）人，著有《南陽文學官志》《座右銘》等。

《治河通考》卷之十終。

《治河通考》後序

惟《禹貢·職方》之言、導浚經辨之迹，鴻闊巨偉矣。固聖人拯世範後，參天絜地，神理昭寓，後世凡職紀載者依焉。然溝洫地理、郡國水利，漢以來冊籍或有志有考，顧於大河無專紀，豈作括細遺大，使後之嗣禹迹者何稽乎？余嘗北涉趙魏之間九河故迹，西踰成皋鴻溝，觀龍門鑿處，南循淮瀆出呂梁，則喟然嘆河之為國家利害大矣。夫安流順軌則漕輓駛裕，奔潰壅溢則數省繹騷。國家上都燕薊，全籍東南之賦，故常資河以濟運，又防其衝阻，乃經理督治，必撫臣是寄，其視前代豈不益重哉！河雖經數省，然自龍門下趨，則梁地當其衝始，又壤善潰，故河之患於河南為甚。余受命來撫兹土，固慄慄以河為至慮，防治稍悉，民頗奠乂。間閱近時所刻《治河總考》，疏遺混複，字半訛舛，其肇作之意固善，惜其未備晰也。乃命開封顧守符下謫許州判官劉隅重加輯校，彙分序次，一卷曰《河源考》，二卷曰《河決考》，三卷至[一]九卷曰《議河治河考》，末卷曰《理河職官考》，上溯夏周，下迄今日，總十卷，更題之曰《治河通考》。庶幾覽者易於探撿，有所式則，以奏平成之助。聖主之憂顧四方之屯溺，或從是以紓，而愚之重責亦少塞焉。其仍有未備，則以俟後之淵博大智者爾。

賜進士出身嘉議大夫都察院右副都御史奉敕巡撫河南等處地方松陵[二]吳山書。

【校注】

【一】至，原作“之”，據文意改。

【二】松陵，今江蘇吳江。

附録：治河奏疏三道 *

一

　　欽差總理河道都察院右副都御史劉【一】為會計預備嘉靖十四年河患事。照得黃河一帶，每年九月已盡，例該會計明年應修工程并合用物料人夫，各該管河副使會同該道守巡官，帶同該府知府十月内各到河所公同相勘。自今年十月初一日起至明年十月終止，逐一會計某缺口該塞、某壩岸該築，或添設遙堤，或添開支河，該支椿草、合用人夫物料各數目，議處預備，係是節年舊規。但所勘應幫應築堤岸，應浚應開河道工程，未見明開堤岸應幫者原有舊基若干里，至高闊，今幫高闊各若干。其創築者止開長若干里，至丈尺，根頂各闊若干，高若干，不見估計每夫一名每一日可築堤岸各若干，方廣若干，高厚尺寸為一工。河道應浚者不開原有河身若干里，深廣，今浚深廣各若干。其創開者亦止開長若干里，底面各廣若干，深若干，亦不見估計每夫一名每一日可開可浚若干，深廣尺寸為一工，止是總計大約用人夫若干名，做工幾個月可完，朦朧估勘。以致在河南者則冒領官銀，動以數千百計，至有一官而領銀萬兩者，所費曾不及十之三四，餘銀任意侵剋。在山東、直隸者則起調人夫，動以數千百計，所役亦不過十之三四，餘夫或任意

---

* 标题為整理者加。

賣放，或利其逃曠，却追工銀，任意私收，止以畸零送官貯庫，遮掩搪塞。其夫役又多係積年包攬光棍，延引日月，罔肯用力。夯杵等項器具又多不如法。工畢之後，止以虛文報完，上下即云了事，管河各官既不親詣，亦不差官驗看堅否。以故所築堤岸多是虛土虛沙填委，止於兩傍頂面築纍成堤，以致水漲即爾衝決，且即於堤根近處取土成坑，以致内水侵没，即爾傾圮，其所挑所浚河道泥沙即就近堆於臨河兩岸，以致雨水一經，仍歸河内。是以頻年所費財力不可彈計，而實效全無，年復一年，曷有紀極。間有能幹委官修浚如法者，亦不過十之一二。本院循行廣袤已數千里，所閱亦難悉數，深切痛心。除杞縣縣丞劉時義[二]、祥符縣主簿王應奎等已經拏問外，必須立法勘估，先行計定工程，方與支銀調夫。猶賴管河各道各官協力同心，相與圖回，方克有濟。為此仰抄案回道，着落當該官吏照依案驗内事理，即便備呈撫按衙門，公同該道守巡等官，帶同開封府知府并府州縣各管河官員依期前到河所，各帶水平算手，公同估勘會計。堤岸應幫者要見原有舊堤若干里，至高闊，今幫根闊若干、頂闊若干、增高若干。創築者要見長若干里，至根闊若干、頂闊若干、高若干，每夫一名每一日築方廣一丈，就近四五十步外取土者，高七寸為一工，八九十步百步外取土者高六寸，取土遠甚及去沙取土高五寸為一工，仍將一丈計該若干工，然後通計長若干丈，通該若干工。河道應浚者，要見原有舊河若干里，至深廣，今浚深廣各若干。應創開者，要見長若干里，至底面各廣若干，深若干，每夫一名每一日開方廣一丈，深一尺為一工，浚河泥水相半者量減三之一，全係水中撈浚者折半算工。其取土登岸就築堤者，則深六寸為一工，亦將一丈計該若干工，然後通計若干工。其缺口壩岸等項悉照此例估勘。及緊要受衝去處，合用靠山、廂邊、牛尾、魚鱗、截河、土牛等埽各若干，大約該辦樁草、篆麻、柳（稍）[梢][三]、葦草等項各若干，柳（稍）[梢][四]、蘆葦應否或買或採，樁草、篆麻各除夫役該辦外，其餘應否添買，人夫通用若干，分定某州縣各若干，此外應否添派，一一備細開呈，以憑參酌施行。大約每夫一名，春自二月初一起至四月終止，秋自八月初一起至十月終止，共用工六個月，內每月仍除風雨，休息五日，春秋共做實工一百五十日。五月至七月則專預備河漲捲埽及修補緊急工程。十二月採柳，正月栽柳。在河南者則預計該修工程，先儘堡夫外，餘將附近州縣河夫預派存留，刻期調撥，徵銀隨夫上工，其餘州縣方行解銀赴道，發府貯庫，以備緊急大工顧役。在直隸、山東者如該做工程數少，則先儘附近州縣人夫調用，其餘隔遠州縣人夫存留追收曠工銀，每月照例六錢，貯庫，做工不及六月者照例追收，工有定程，夫有定役，而勞逸適均矣。其諸程式，凡幫堤止於堤裏一面幫築，恐堤外新土水易衝齧。凡創築必擇地形高阜、土脈堅實者為堤根。凡取土必擇堅實好土，毋用浮雜沙泥，必於數十步外，不拘官民田地，平取尺許，毋深取成坑，致妨耕種，毋仍近堤成溝，致內水侵沒，必用新製石夯，每土一層，用夯密築一遍，次石杵，次鐵尖杵，各築一遍，覆用夯築平。凡開河浚河，泥沙必於河岸四五十步外地內平鋪，毋仍臨河，致遇雨水仍歸河內。就築堤者亦須遠河二三十步。凡河面須寬，俾水漲能容，河底須挾而深，形如鍋底，俾水由地中，不致散漫淤塞。凡夫役必畫地分工，必各州各縣內仍分各鄉各里，俾同聚處，逃者即本鄉本里眾為代役，而倍責償其直。必將發去方藥，撥醫隨工，遇疾治療。每役五日即與休息一日，如有風雨，即准休息。毋妨用工，毋容光棍。在內管河府官不時親閱稽考，工完仍逐段橫挖驗勘，仍呈管河，該道或親詣，或委掌印官，亦逐段橫挖測驗。不如法者，管工官坐贓問罪，痛責枷號，即提原夫重治補工，仍備呈本院以憑委官覆勘，明示勸懲。凡事體未宜及該載未盡者，備呈定奪，毋或觀望顧忌，并將栽臥柳、低［柳］【五】、編柳、深柳、漫柳、高柳等法俱備行遵照施行，俱毋遲違。抄案依准先行呈來。

【校注】

【一】劉，即劉天和（1479—1546 年），字養和，號松石，明湖廣省麻城縣（今屬湖北）人，謚莊襄，著有《問水集》《保壽堂經驗方》《劉莊襄公奏疏》等。

【二】劉時義，明湖北黃安縣（今屬湖北）人。

【三】梢，原作"稍"，據《問水集》卷一（明刻本）改。

【四】梢，原作"稍"，據《問水集》卷一改。

【五】柳，原脱，據《問水集》卷一補。

計開：

一曰卧柳

凡春初築堤，每用土一層，即於堤内外兩邊各橫鋪如銅錢拏指大柳條一層，每一小尺許一枝，不許稀疏，上内橫鋪二小尺餘，不許短淺，土面止留二小寸，不許留長，自堤根直栽至頂，不許間少。

二曰低柳

凡舊堤及新堤不係栽柳時月，修築者俱候春初用小引橛於堤内外，自根至頂，俱栽柳如錢如指大者，縱横各一小尺許即栽一株，亦入土二小尺許，土面亦止留二小寸。

三曰編柳

凡近河數里緊要去處，不分新舊堤岸，俱用柳椿如雞子大、四小尺長者，用引橛先從堤根密栽一層，六七寸一株，入土三小尺，土面留一尺許。却將小柳卧栽一層，亦内留二尺，外［留］【一】二三寸。却用柳條將柳椿編高五寸，如編籬法，内用土築實平滿。又卧栽小柳一層，又用柳條編高五寸，於内用土築實平滿。如此二次，即與先栽一尺柳椿平矣。却於上退四五寸仍用引橛密栽柳椿一層，亦栽卧柳、編柳各二次，亦用土築實平滿，如堤高一丈，則依此栽十層即平矣。

以上三法皆專為固護堤岸。蓋將來內則根株固結，外則枝葉綢繆，名為活龍尾埽，雖風浪衝激，可保無虞，而枝（稍）［梢］^{［二］}之利亦不可勝用矣。北方雨少草稀，歷閱舊堤，有築已數年而草猶未茂者，切不可輕忽。前法運河、黃河通用。

四曰深柳

前三法止可護堤，防漲溢之水，如倒岸衝堤之水亦難矣。凡離河數里及觀河勢將衝之處，堤岸雖遠，俱宜急栽深柳，將所造長四尺、長八尺、長一丈二尺、長一丈六尺、長二丈五等鐵裹引橛，自短而長以次釘穴，俾深二丈許，然後將勁直帶（稍）［梢］^{［三］}柳枝（如根（稍）［梢］^{［四］}俱大者為上，否則不拘大小，惟取長直，但下如雞子，上儘枝（稍）［梢］^{［五］}，長餘二丈者皆可用。）連皮栽入，即用稀泥灌滿穴道，毋令動搖。上儘枝（稍）［梢］^{［六］}，或數枝全留，切不可單少，其出土長短不拘，然亦須二三尺以上。每縱橫五尺，即栽一株，仍視河勢緩急，多栽則十餘層，少則四五層。數年之後，下則根株固結，入土愈深，上則枝（稍）［梢］^{［七］}長茂，將來河水衝嚙，亦可障禦。或因之外編巨柳、長椿，內實（稍）［梢］^{［八］}草埽土，不猶愈於臨水下埽，以繩繫岸，以椿釘土，隨下隨衝，勞費無極者乎？本院嘗於睢州見有臨河四方土墩，水不能衝者，詢之父老，舉云農家舊圃，四圍柳株伐去，而根猶存，彼不過淺栽一層，況深栽數十層乎？及觀洪波急流中周遭已成深淵，而柳樹植立略不為動，益信前法可行。凡我治水之官，能視如家事，圖為子孫不拔之計，即可望成效，將來捲埽之費可全省矣。但臨河積年射利之徒殊不便此，治水者止知其為父老土著之民惟言是聽，而不知機緘之有為也。凡目今捲埽斧刃堤後遠近適中之處，尤宜急栽、多栽數層，審思篤行，共圖實效，勉之勉之。此法黃河用之，運河頻年衝決緊要去處亦可用。

五曰漫柳

凡波水漫流去處，難以築堤，惟沿河兩岸密栽低小檉柳數十層，俗名隨河柳，不畏淹没。每遇水漲既退，則泥沙委積，即可高尺餘，或數寸許。隨淤隨長，每年數次，數年之後，不（暇）［假］【九】人力，自成巨堤矣。如沿河居民各（照）［分］【一○】地界，自築一二尺餘縷水小堤，上栽檉柳，尤易淤積成高。一二年間，堤内即可種麥。用工甚省而為效甚大，掌印管河等官務宜着實舉行。黃河用之。

【校注】

【一】留，原脱，據劉天和《問水集》卷一補。

【二】梢，原作“稍”，據《問水集》卷一改。

【三】梢，原作“稍”，據《問水集》卷一改。

【四】梢，原作“稍”，據《問水集》卷一改。

【五】梢，原作“稍”，據《問水集》卷一改。

【六】梢，原作“稍”，據《問水集》卷一改。

【七】梢，原作“稍”，據《問水集》卷一改。

【八】梢，原作“稍”，據《問水集》卷一改。

【九】假，原作“暇”，據《問水集》卷一改。

【一○】分，原作“照”，據《問水集》卷一改。

六曰高柳

照常於堤内外用（麄）［高］【一】大長柳椿成行栽植，不可稀少。黃河用之，運河則於堤面栽植，以便捧挽。

【校注】

【一】高，原作“麄”，據劉天和《問水集》卷一改。

二

欽差總理河道都察院右副都御史李上疏為議處黃河大計事。切惟天下之事，利與害而已矣。去其害則利可興也。臣欽奉敕諭："今特命爾前去總理河道，其黃河北岸長堤并各該堤岸應修築者，亦要着實用工修築高厚，以為先事預防之計。如各該地方遇有水患，即便相度訪究水源，可以開通、分殺并可築塞堤防處所，仍嚴督各該官員斟酌事勢緩急，定限工程久近，分投用工，作急修理。凡修河事宜，敕內該載未盡者，俱聽爾便宜處置。事體重大者，奏請定奪。欽此欽遵。"臣查得黃河發源具載史傳，今不敢煩瀆，姑自寧夏為始言之。自寧夏流至延綏[一]、山西兩界之間，兩岸皆高山石麓，黃河流於其中，並無衝決之患。及過潼關，一入河南之境，兩岸無山，地勢平衍，土少沙多，無所拘制，而水縱其性，兼之各處小水皆趨於河，而河道漸廣矣。方其在於洛陽河內之境，必東之勢未嘗拂逆，且地無高下之分，水無傾瀉之勢，河道雖大，衝決罕聞。及至入開封地界，而必東之勢少折向南，其性已拂逆之矣。況又接南北直隸、山東地方，地勢既有高下之殊，而小水之入於河者愈多，淤塞衝決之患自此始矣。此黃河之大概也。今之論黃河者，惟言其瀰漫之勢，又以其遷徙不常而謂之神水，遂以為不可治。此蓋以河視河，而未嘗以理視河也。夫以河視河，則河大而難治；以理視河，則河易而可為。瀰漫之勢蓋因夏秋雨多，而各處之水皆歸於河。水多河小，不能容納，遂至瀰漫。然亦不過旬日，至於春冬則鮮矣，是則瀰漫者不得已也。水之變也，豈其常性哉？至於所謂神水者，尤為無據，其故何耶？蓋以黃河之水泥沙相半，流之急則泥沙并行，流之緩則泥沙停積，而停積則淤之漸矣。今日淤之，明日淤之，今歲淤之，明歲淤之，淤之既久，則河高而不能行。然水性就下，必於其地勢之下者而趨焉。趨之既久，則岸面雖若堅固，水行地下，岸之根基已浸灌疏散而不可支矣。及遇大雨時至，連旬不晴，河水泛漲，瀰漫浩蕩，以不可支之岸基而遇此莫能禦之水勢，頃刻奔潰，一瀉千里，遂成河道。近日蘭陽縣父老謂黃河未徙之先數年，城中井水已是黃水，足為證驗。故人徒見其一時之遷徙，而不見其纍歲之浸灌，乃以為神，無足怪也。為照河南、山東及南北直隸臨河州縣所管地方，多不過百里，少則四五十里，若使各該州縣各造船隻，各置鐵扒并尖鐵鋤，每遇淤淺，即用人夫在船扒浚。若是土硬，則用尖鋤，使泥沙與水并行。既無淤塞之患，自少衝決之虞，用力甚少，成功甚多。且黃河之水既湍急，而泥沙則又易起。更有船隻，則人夫不惟免涉水之苦，而風雨可蔽，宿食有所。是修河之智而寓愛民之仁，推而言之，其利甚博。若夫瀰漫之勢殆不能免，所可自盡者則在築堤防患，不與水爭地耳。或護城池，或護耕種，使得遂其安養。伏望皇上軫念地方水患，將臣所奏特敕該部再行查議，聽臣督同河南、山東并南北直隸管河按察司副使張綸【二】等備查所管黃河州縣河道地里遠近，動支河道銀兩，酌量數目，打造上中下三等船隻，置造大小鐵扒、鐵鋤，分發各該管河官收領。遇有時常小淤，或先年舊淤，或因瀰漫勢後河道新淤，即便督率人夫，撐駕船隻，量水之深淺，用船之大小，量船之大小，載人之多寡，用心扒浚，堅硬去處則用鐵鋤，俾泥沙隨水而去，河道為之通流。風雨蔽於斯。宿食在於斯，至於捲埽去處，即係水流傾瀉之地，傾於此者必淤於彼，一體扒浚，使水歸於中流，則傾瀉之患將漸弭矣。再照黃河先年由河南蘭陽縣趙皮寨地方流經考城、東明、長垣、曹、蕭等縣，流入徐州。近年自趙皮寨南徙，由蘭陽、儀封、歸德、寧陵、睢州、夏邑、永城等州縣流經鳳陽地方入淮。其歸德、蘭陽等州縣即今水患頗大，亦聽臣督行管河道，責令各該軍衛有司掌印、管河官員調用人夫，或將河道銀兩雇募，各修築高厚堅固堤岸，并扒浚河道，務使淤塞開除，自無衝決之患，防護完固，可免淹没之虞。其舊黃河即今尚有微水，流至徐州、呂梁二洪，亦合時加扒浚，使不致斷流，接濟運河，且分殺黃河水勢。如此則河患可息，而運道亦有益矣。緣係議處黃河大計

事理，謹題請旨。嘉靖拾伍年肆月貳拾伍日

【校注】

【一】延綏，即延綏鎮，亦名榆林鎮，明九邊之一，初治綏德州（今陝西綏德），明成化七年（1471年）移治榆林衛（今陝西榆林），防地東至黃河，西至定邊營（今陝西定邊）。

【二】張綸（1454—1523年），字大經，號敬軒，明寧國府宣城（今屬安徽）人，著有《敬亭稿》。

三

欽差總理河道都察院右副都御史詹上疏為議復管河官員以便河道事。據山東等處提刑按察司、整飭曹濮等處兵備兼管河道副使張九敘[一]呈，據曹縣管河主簿劉維裕呈稱，查得正德十一年添設兗州府管河同知[二]一員，駐札曹縣，專理曹城、金單等處一帶黃河；城武縣添設管河主簿一員，駐札河所，管理工程。嘉靖九年，將城武縣管河主簿改設單縣駐札。十五年，黃河南徙，曹單等縣俱無河患。十七年，蒙總理河道于都御史題奉欽依，將本府管河同知并單縣管河主簿裁革，行令管泉同知兼理，若黃河北徙，聽該府掌印并管河官具實申報，以憑具奏復設等因。除欽遵外，今照黃河自嘉靖二十二年北徙復入舊河，山東河患，上自河南趙迭莊，下至歸德府界王家林止，計長五十餘里，一帶河水盛行，趨衝東岸，每年修築工役無停。嘉靖二十四年會決，順河集堤堵塞，訖二十五年復又決開，目今河勢漸東，離大堤止有三百餘步。見今幫築工程至緊，夫役數千，錢糧數萬，所取隔別州縣，人夫往往逃竄，切照卑職小行文催取，每每推調停閣，以致河政廢弛，前項裁革官員似應照舊復設，緣由到道為照。黃河今復北徙，役使人夫，收支錢糧，動經數萬，捲埽打壩，歲無虛日，各項事務不減於昔，止有曹縣主簿一員，勢力不能督責，其原革兗州府管河同知一員、單縣管河主簿一員，相應查復，庶河工有所責成等因具呈到。臣查得嘉靖十七年八月初十日，准工部咨為酌處冗官以省財費事，該總理河道都御史于湛[三]題據，山東兗州府申准，本府知府陳仲録[四]關查得本府舊設管河同知一員，駐札曹縣，專理曹金等縣一帶黃河；管泉同知一員，在府隨住，專管泗水等縣泉源；管河通判一員，駐札張秋，專管濟寧魚臺等州縣一帶運河。今黃河南徙，曹縣等縣俱無河患，數年以來，地方安堵，前項管河同知，似涉虛曠，題奉欽依，將原設管理黃河同知暫行裁革，行令管泉同知帶管，待後黃河如果北徙，聽該府掌印及管河官具實申報，以憑具奏復設等因，及查兗州府單縣、直隸徐州豐縣各原設管河主簿，亦該本官具奏裁革。訖隨該臣行據兗州府申蒙，臣案驗前事例，行該府掌印官會同管泉同知戴楩[五]，將前項管理黃河官員從長計議，應否復設管河同知一員，惟復即令戴楩專管黃河，其泉源事務頗簡，或令該府清軍同知帶管，就令戴楩專在曹縣地方駐札，庶官不添設，事有責成，議處停當申來以憑施行等因，到府備關。本府管泉兼理黃河同知戴楩議得，黃河自古改遷不常，正德年來經流曹單等縣，橫奔為患，雖委府州縣掌印佐貳等官，倩夫修堤防禦，各官原非職守，更代無時，況其動支錢糧等項缺官總理，所以正德十一年間添設本府管河同知一員，駐札曹縣專理，其事後因黃河漸次南徙，此官空閑，嘉靖十七年題奉欽依，准行本府管泉同知兼理黃河堤岸等項，將管河同知暫行裁革，訖嘉靖二十二年以來，黃河復又北徙，即今大水盛流滿岸，若遇伏秋水發，其勢尤為悍急，不可一時缺官督夫防守。若擬本職管河仍兼管泉，又恐往來督理一時卒難周遍，若將管泉政務行令清軍同知帶管，但所管府屬二十七州縣逋逃軍匠，每年清勾巡行亦無虛日，恐難兼理等因，備關本府。知府曹亨[六]議得，運河一帶水淺土疏，實資利於泉源，而每遇黃河徙決，則奔衝之害至大，先年修河，衙門議設管泉同知以興其利，又設管河同知以遏其害，無非先事預防之法，後因黃河南徙，奏將管河同知裁減，而沿河堤岸樹株，即令管泉同知帶管，俱係節省冗食之意，非無故因革，惜小誤大也。今該同知戴梗勘稱，近年以來黃河日漸北徙，則將來修堤障禦之務，必須專官整理，所據管河同知員缺，委應照舊銓補。至於各處泉源，先年侵占於小民，而溝崖壅滯，以致派流淺澀，所以重設本府同知一員，督率州縣官不時疏浚，但近來查理已清，源委已達，樹株之根據已固，堤崖之修築已完，況有管泉主事督率於上，各州縣看泉官老防守於下，中間管泉同知不過月朔取各官老結狀而已，通無勞於巡視，似為冗員，所宜裁革。向因帶管黃河，所以不敢申議。今蒙案查前因，理合詳擬回報，合無准申轉奏，乞行吏部將本府管泉兼理黃河同知改作管河同知，專在曹縣駐札，巡視黃河，相時堤防，以護運道，以後除授就於文憑內除去管河字樣，以便遵行。其原管泉事務徑行各處有泉州縣掌印官，督令管泉官老不時修浚，如遇數年之內儻有大水衝決泉渠，應該大用工力修浚，乞行令本府專委所屬州縣，有職見風力官員暫時前去調度修理，事完即止，其各州掌印官敢有延誤，泉政即行參提治罪，庶地方無冗員之費，漕河無廢事之憂等因，議申到臣。據此卷查先為會計預備河患事。嘉靖二十五年十月內，該臣行據副使張九敘呈稱，會同分守東兗道右參議【七】吳嘉會【八】、分巡東兗道僉事楊時秀【九】議照，黃河李景高口原挑東行支河，山東地方五十餘里，每年舊規會計督夫挑浚淤淺，接濟徐、呂二洪糧運。今勘得緊要去處，高家莊至張家道口，計長七里，司家道口東大堤自娘娘廟、曹家集等處至河南商丘縣凌家莊，計長五十八里零一十二丈。武家莊衝決堤口，長五十五丈，各應該修築堤岸、鋪舍、捲造、靠山、廂邊、牛尾、魚鱗、截河、逼水等埽，合用人夫四千五百五十三名，買辦穀草、柳（稍）[梢]【一〇】、椿木、檾麻共用銀一千四百兩，開款會計呈報到臣，隨經批行各道嚴督各該州縣掌印管河，并各委官率領人夫協力挑築，刻期告成外，本年二月內，臣因黃河北徙關繫重大，親歷曹縣考城一帶河道相度利害，次第施工。三月十四日，據副使張九敘呈為查勘改挑支河以保堤岸以省財費事內稱，馮家莊東秤鈎一灣，約有八里餘，今勘得對過自河南朱家樓至曹家莊長五百丈，應該挑浚支河一道，分殺水勢，緣由到臣，又該臣行令作速挑浚完報。四月初五日，因單縣妖賊猖獗，調掣壯夫四千餘名協助勦賊。五月十九日，又興工挑乞。續據曹縣申報，六月初一日，河工約有九分，尚有下口一分未曾挑盡，本日夜偶起暴風，河水驟長二尺三寸，將前未挑工程衝擊成河，見今舟楫往來，緣由到臣。本月十二等日，又據歸德府管河通判張省之、曹縣署印照磨唐祚等，各申為十分緊急河患衝決堤岸事內開，近日霪雨不止，考城縣地方大鋪前娘娘廟南、三里鋪迤北堤岸被水衝開，又將馮家壩迤南臨河續築縷水小月堤漫過，直至司家道口等處大堤根下，橫流衝刷，得新開支河分殺水勢約有三分，其原堵塞缺口去處見今被水衝坍，且大雨不止，水勢比前愈加洶湧，除督率各委官、鄉民、埽手督并人夫晝夜防護等因，具申到臣。節該臣嚴行副使張九敘、通判張省之、照磨唐祚并兗州府帶管黃河通判何英才、曹縣主簿耿芝，魚臺、豐沛等縣知縣李堯年等，及河南按察司帶管河副使王積[一]、開封府管河同知張完等，各親詣缺口處所，嚴督夫老一體固堤捲埽，并力防護，間今據前因為照，設堤所以防水，專官所以固堤，近日曹縣大水漫堤壞城，似有非人力所能禦者，然非驟雨彌旬，河流橫溢，則賴堤以濟者多矣。往年患在河南，因開封、歸德二府設有專官管河副使，以合省做工徵銀之全力，捲埽築堤，歲無虛日，故頗收防河之效。今河患盛於山東，顧其所編之夫，止於曹、定、金、單、城、武六州縣，總其數不過一千二百餘名，不及河南三十分之一，管河官止有曹縣主簿一員，雖有管泉同知戴梗帶管河務，緣在兗州府駐劄，隔越曹、單四百餘里，又職專催徵泉夫銀兩，於治河之事，經月不一二，至今亦陞任，尚未銓補，徒以曹濮兵備副使[一二]總攝於上，而下無可委之官，役夫數寡，樁草不充，終何能濟，此管河官宜改復者一也。臣今春親至考城李居莊，見沿河一帶用埽甚多，一埽之費小者約用銀七八兩，大者將及十金，每當河水衝刷用埽之處，或用五六埽方得出水。山東所轄，上接河南考城趙逯莊，下至河南歸德府界王家林止，約長五十餘里，河之衝刷無定形，則埽之所用無定數，夫役之又有不可勝言者，必須專官調度，則緩急用之得宜，錢糧、夫役可省，此管河官宜改復者二也。臣又自李居莊至曹縣地方相度，河流大勢衝刷曹家集堤岸，由曹家集至單、豐、沛諸縣地形愈下，此堤失守，將直由飛雲橋衝傷運道，臣呕令副使張九敍集夫五千挑浚支河，以殺水勢，繼又調赴單縣殺賊，幸河水驟發，洗刷成河，曹家集水勢少殺，堤僅保全。故防河之法，又須挑浚支河，要在得人經理，此管河官宜改復者三也。臣查得曹、定、金、單、城、武六州縣人夫因無專官，悉屬曹縣主簿調發，河堤遠亘，工役繁多，單官獨員，督察不周，弊端滋起，兼之勞逸未均，人思逃避，若得專官管理，督屬分工則管顧易周，程工有敍，在役者樂於趨事，逃避易於勾攝，以之捲埽築堤，不至失事後時，此管河官宜改復者四也。臣又查得兗州府額編均徭河夫一千三百五十二名，每名每年雇役銀一十二兩，先因黃河南徙，議留三百名修補舊堤，尚餘一千零五十二名，每年折徵銀三兩，大名府原編河夫二千五百名，每年每名徵銀一兩八錢，看堤鋪夫八百名，每名每年徵銀三兩，俱經題奉欽依，行令各州縣徵完解府貯庫，聽候河道大工題請支用。今黃河北徙之患方殷，河道堤防之法宜預。節該臣行據曹濮兵備道并兗州府掌印官各勘報相同，所據議稱，改設管河同知，駐札曹縣，就將管泉同知裁革，以該府掌印官帶管，庶官不添設，事有責成，及查復單縣管河主簿，以專責任一節，似亦相應，如蒙乞敕該部，查將兗州府原設管泉兼理黃河同知改作管河同知，專在曹縣駐札，管理曹城、金單、魚臺等處一帶河務，應動調錢糧夫役，聽令酌量緩急調取，應用務在經費得宜，防河有賴工完，具由造冊呈報，以憑核實奏繳，仍於本官除授文憑內除去管泉字樣，以專職守。其原管泉源事務，聽臣行兗州府掌印正官帶管，仍行寧陽管泉主事，督同該府通行各處有泉州縣，掌印官各督率管泉官老不時疏導泉脉，以防淤塞，及時修補堤岸，以防走泄，一應催徵夫銀等事，俱照舊規舉行，違者聽臣參提治罪。其單縣原設管河主簿一員，亦照舊例添設，就於近河要地駐札，以便督工調度，庶官有恒居，事有專職，防河緩急得濟，運道可保無虞，惟復別有定奪。緣係議復管河官員以便河道，事理未敢擅便，為此具本，專差承差李瀾親賫謹題請旨。嘉靖貳拾陸年陸月貳拾玖日

【校注】

【一】張九敘（1470—1529 年），字禹功，號桐岡，明徐德順村（今屬山東）人。

【二】同知，職官名，主管一事而不授予正官名，稱為知某事，因事任職，量地置員。

【三】于湛（1480—1555 年），字瑩中，明金壇（今屬江蘇）人，著有《素齋政書》。

【四】陳仲録，字子載，明吳江（今屬江蘇）人，湖廣常德衛籍（今屬湖南）。

【五】戴梗，明澠池縣南村（今屬河南）人。

【六】曹亨（1507—1588 年），字伯貞，號貞奄，明新蔡縣古呂鎮（今屬河南）人。

【七】右參議，職官名，明於布政使下設左、右參議，從四品，無定員，分守各道，並分管糧儲、屯田、清軍、驛傳、水利等事。

【八】吳嘉會（1512—1588 年），字惟禮，號南野，明湖廣湘陰縣（今屬湖南）人。

【九】楊時秀，字叔茂，號禹峰，明鳳陽府懷遠縣（今屬安徽）人。

【一〇】梢，原作“稍”，據文意改。

【一一】王積（1492—1569 年），字子崇，號虛齋，明太倉（今屬江蘇）人。

【一二】兵備副使，職官名，出任兵備道（明於各省重要地方設整飭兵備之道員）的官員，為文官協理總兵之軍務，鈐制武臣，訓督戰士。

責任編輯：邵永忠

封面設計：胡欣欣

圖書在版編目（CIP）數據

《治河通考》校注/吳　漫　王　博 校注. —北京：人民出版社，2024.6

ISBN 978-7-01-024005-3

Ⅰ.①治…　Ⅱ.①吳…　Ⅲ.①治河工程-中國-明代　Ⅳ.①TV882-09

中國國家版本館 CIP 數據核字（2021）第 233455 號

《治河通考》校注

ZHIHE TONGKAO JIAOZHU

吳　漫　王　博　校注

人民出版社 出版發行

（100706　北京市東城區隆福寺街 99 號）

北京中科印刷有限公司印刷　新華書店經銷

2024 年 6 月第 1 版　2024 年 6 月北京第 1 次印刷

開本：710 毫米×1000 毫米 1/16　印張：14　字數：230 千字

ISBN 978-7-01-024005-3　定價：70.00 元

郵購地址 100706　北京市東城區隆福寺街 99 號

人民東方圖書銷售中心　電話（010）65250042　65289539